U0795399

集装箱运输实务

金新道　主编

上海浦江教育出版社

图书在版编目(CIP)数据

集装箱运输实务/金新道主编. —上海：上海浦江教育出版社有限公司，2020.10(2023.1 重印)
ISBN 978-7-81121-671-4

Ⅰ. ①集…　Ⅱ. ①金…　Ⅲ. ①集装箱运输
Ⅳ. ①U169

中国版本图书馆 CIP 数据核字(2020)第 195447 号

JIZHUANGXIANG YUNSHU SHIWU
集装箱运输实务

上海浦江教育出版社出版发行

社址:上海海港大道 1550 号上海海事大学校内　邮政编码:201306
电话:(021)38284910(12)(发行)　38284923(总编室)　38284910(传真)
E-mail: cbs@shmtu.edu.cn　URL: http://www.pujiangpress.com
上海商务联西印刷有限公司印装
幅面尺寸:185 mm×260 mm　印张:12.5　字数:240 千字
2020 年 10 月第 1 版　2023 年 1 月第 2 次印刷
责任编辑:杨磊　封面设计:赵宏义
定价:50.00 元

前 言

随着现代物流和国际贸易的发展，特别是“一带一路”倡议的实施，国际集装箱运输变得越来越重要，已成为支柱性的运输模式。我国集装箱运输业发展迅猛，集装箱吞吐量屡创新高，为适应我国集装箱运输业的发展及培养集装箱运输专业技术人员，遂编写《集装箱运输实务》这本适应当前职业教学特点的专业教材。

本书最大的特点是突出实用性，以大量的企业实操案例作为载体，采用项目驱动、任务引领的模式编写。本书共分七个模块：模块一，学习集装箱运输的发展、优越性及基本构成要素；模块二，学习集装箱运输中船、港、货、线和相关当事人等基本要素；模块三，学习国际集装箱专业化码头操作实务；模块四，学习国际集装箱海上进出口业务及单证操作实务；模块五，学习集装箱陆空运输操作实务；模块六，学习集装箱运费计算方法；模块七，学习集装箱箱务管理实务。

本书由金新道负责统稿，上海海事大学杨志刚教授和赵刚教授在框架构建和编写过程中给予极大的帮助和支持；上海海事大学的孙志强、陈茜、宋彬、和彦敏、张鑫以及广州航海学院的李伯棠、广东职业技术学院的许四化等教师参与相关章节的编写工作；另外，陆涛、卫剑彪、吴永、党文涛等企业人士在实践和资料搜集上提供大量帮助；最后感谢上海港湾学校领导的大力支持和上海浦江教育出版社编校人员的辛勤劳动，使得本书得以顺利出版。

本书可作为中高等职业技术学校集装箱运输实务专业教材，也可作为港航相关从业人员参考书。本书引用很多专业教材和相关论文，在此向作者们一并表示感谢。限于编者知识水平和时间，书中难免出现差错或不妥之处，欢迎读者批评指正。

编 者

2020 年 4 月

目　录

模块一
走近集装箱运输

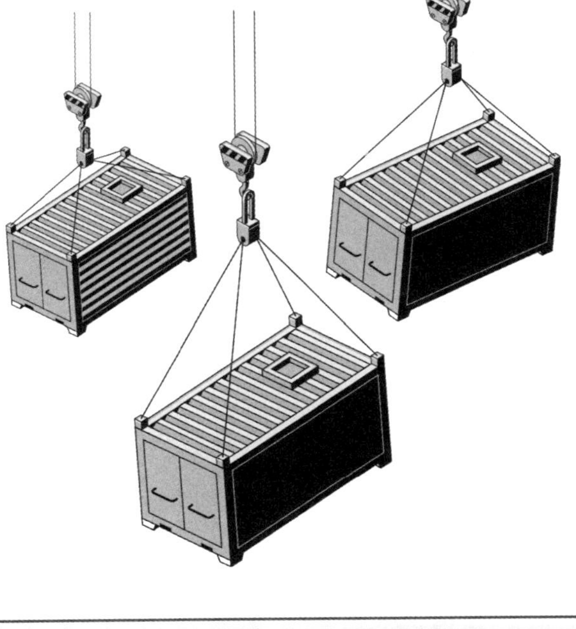

学习导入

1956年，美国人马尔康·马克林收购泛大西洋轮船公司（Pan-Atlantic Steamship Corp.），在一艘未经改装的油船甲板上装载58个大型集装箱，从纽约驶往休斯敦，开创海上集装箱运输的先河。首次运输便取得令人兴奋的成功，每吨货物的装卸成本从5.83美元降低到0.15美元。1957年10月，第一艘经改装的全集装箱船"盖脱威城"号（Gateway City）在马尔康·马克林的泛大西洋轮船公司投入运营，由此开创集装箱运输的新纪元。1960年，泛大西洋轮船公司更名为海陆联运公司（Sea-land Service Inc.）。1965年，海陆联运公司制订利用大型集装箱船环航世界的计划，从此海上集装箱运输成为国际贸易中通用的运输方式，许多航运公司纷纷仿效。本模块将带领大家走近集装箱运输，对集装箱运输优越性和集装箱运输流程设计等进行学习。

学习目标

1. 知识目标

（1）掌握集装箱运输的概念和特点。

（2）了解拼箱货和整箱货的业务流程。

（3）掌握集装箱运输的构成要素。

2. 技能目标

（1）分析集装箱运输和其他运输方式的区别和优势。

（2）设计集装箱整箱和拼箱业务流程方案。

任务一　集装箱运输优越性的认知

任务导入

Linda 是一名中职校物流管理相关专业的学生，通过学习了解到，集装箱运输被称为 20 世纪的“运输革命”，集装箱出现后，货运成本大大降低，某件产品产自东半球，运至纽约销售，远比在纽约近郊生产划算。因此，她迫切想要了解集装箱运输的相关知识，如集装箱运输的概念、优越性、特点和流程等。

任务目标

1. 集装箱运输的起源与发展趋势。
2. 集装箱运输的特点与优越性。

知识链接

一、集装箱运输

集装箱运输就是将货物装在集装箱内，以集装箱作为一个货物集合（成组）单元，进行装卸和运输（包括水路运输、铁路运输、公路运输、航空运输以及这几种运输方式组合的联合运输），是更好地实现货物“门—门”运输的一种新型、高效率和高效益的运输组织方式。集装箱运输是对传统的以单件货物进行装卸的一次重要革命，是当代世界最先进的运输工艺和运输组织形式，是交通运输现代化的重要标志。

由于集装箱运输具有巨大的社会效益和经济效益，因而现代化的集装箱运输热潮已遍及世界。各国都将集装箱运输的普及和发展作为运输现代化进程的标志，国际航运中心（也称国际运输中心、国际贸易中心）也以集装箱中转量的规模为主要标志。

目前，集装箱运输已进入以远洋船舶运输为主，以铁路运输、公路运输、航空运输为辅的国际多式联运的新时期。

二、国际集装箱运输发展历程

追溯集装箱运输的起源和发展过程，可以发现其经历萌芽期、开创期、成长期、扩张期、成熟期5个不同的阶段，见表1-1。

表1-1 国际集装箱发展大事记

阶段	时间	事件	影响
萌芽期 (1801—1956年)	1801年	英国人安得森博士提出集装箱运输构想	
	1830年	在英国铁路上出现使用大容器来装运杂货	集装箱运输的雏形
	1880年	美国正式试用第一艘内河集装箱船	水路集装箱运输出现
	1928年	讨论公路集装箱的运输设想	公路集装箱运输开端
	1933年	在法国成立"国际集装箱运输局"	集装箱管理机构出现
开创期 (1956—1965年)	1956年	美国泛大西洋轮船公司在一艘油船甲板上设置可装载58个35英尺集装箱的平台，取名为"马科斯顿号"	集装箱运输正式诞生
	1957年	美国泛大西洋船公司改装成吊装式全集装箱船	世界上第一艘全集装箱船
	1961年	海陆联运公司陆续开辟纽约—洛杉矶—旧金山航线和阿拉斯加航线	奠定在美国进行集装箱运输的基础
	1965年	国际标准化组织(ISO)颁布一系列国际集装箱标箱的规格	集装箱开始标准化
成长期 (1966—1971年)	1966年	海陆联运公司以改装的全集装箱船开辟纽约—欧洲航线	集装箱运输国际航线出现
	1968年	日本6家船公司在日本至加利福尼亚之间开展集装箱运输	海上集装箱运输首次出现在美国以外
扩张期 (1971—1989年)	1971年	世界13条主要航线基本上实现了件杂货集装箱化	
	1980年	在日内瓦通过《联合国国际货物多式联运公约》，并在美国出现集装箱多式联运	集装箱多式联运出现
成熟期 (1989年至今)	1996年	荷兰的渣华(Nedlloyd)合并英国的铁行(P&O)	集装箱运输企业联营、合并进入高潮
	2006年	拥有自主知识产权的集装箱电子标签在上海研制成功并投入试用	中国集装箱信息化走到世界前列
	2011年	国际标准化组织(ISO)在日内瓦正式颁布《货运集装箱——RFID货运标签系统》(ISO 18186—2011)国际标准	第一个由中国专家发起、起草和主导的国际标准
	2017年	全世界规模最大、技术最先进的全自动化码头——洋山深水港四期自动化码头开港试生产	进入智能智慧集装箱码头时代

三、我国集装箱运输发展概况

近年来，我国港口集装箱运输得到飞速发展。1981 年，我国集装箱吞吐量仅为 10.1 万 TEU，而 1996 年达到 803 万 TEU，增长近 80 倍。2007 年 11 月 28 日，随着“中远希腊”号所载集装箱在天津港五洲国际集装箱码头的起吊，我国港口集装箱年吞吐量突破 1 亿 TEU，实现港口和航运里程碑式的跨越。根据交通运输部公布的《2018 年交通运输行业发展统计公报》，2018 年全国规模以上集装箱吞吐量达到 2.50 亿 TEU。我国规模港口集装箱吞吐量见表 1－2。

表 1－2　我国规模港口集装箱吞吐量

时间	集装箱吞吐总量/TEU
1973—1989 年	≤100 万
1989—1997 年	100 万～1 000 万
1997—2004 年	1 000 万～5 000 万
2004—2007 年	5 000 万～1.0 亿
2007—2018 年	1.0 亿～2.5 亿

四、集装箱运输的特点

普通杂货运输存在运输效率低、时间长，货损、货差严重影响货运质量，货运手续繁杂影响工作效率等弊端，因此亟需加速商品的流通，降低流通费用，节约物流的劳动消耗，实现快速、低耗、高效率和高效益地完成运输生产过程并将货物送达目的地交付给收货人，而集装箱的出现，有效地解决上述问题。当前，集装箱运输之所以能够在世界范围内高速发展，正是因为其具有以下特点：

（一）高效益的运输方式

（1）简化包装，节约包装费用。在运输和装卸过程中，与外界接触的是箱子而不是货物，因此货物破损事故大大减少。同时，使用集装箱可以简化包装，有的甚至无须包装，实现件杂货无包装运输，大大节约包装费用。

（2）减少货损货差，提高货运质量。集装箱具有坚固、密封的特点，在运输过程中箱内货物不易发生被盗事故，并有效地防止恶劣天气和环境对箱内货物的损害。集装箱是一种大型货箱，可以将几十件甚至上百件货物集中作为一个整体，在运输各环节中始终以箱作为运输单元，在多次作业、理货中大大减少货损货差和丢失问题。货物装箱并铅封后，途中无须拆箱倒载、一票到底，即使经过长途运输或多次换装，也不易损坏箱内货物，减少社会财富的浪费，具有很大的社会效益。

（3）减少营运费用，降低运输成本。集装箱的装卸基本上不受恶劣气候的影响，装卸效率提高，船舶非生产性停泊时间和装卸时间缩短。对船公司而言，可提高航行率，降低船舶运输成本；对港口而言，可提高泊位通过能力，从而提高吞吐量，增加经营收入。

拓展阅读

世界最大的航运公司为丹麦马士基，其官方网站显示，2015 年从亚洲海运到欧洲的运费是：一台平板电视，2 美元；一双鞋，11 美分；一件 T 恤，4 美分；一台平板电脑，5 美分。2015 年 11 月，从深圳运往荷兰的一个 40 英尺集装箱，最便宜时运费仅需 300 美元。集装箱催生的低廉运费产生一些看似不可思议的新协作关系：如果在苏格兰抓到鱼，通过集装箱运到中国加工处理后，再把鱼运回来，其成本低于在苏格兰本地加工处理；2002 年世界银行的统计数字显示，中国沿海到内陆的运输费用是中国到美国海运运费的 3 倍；中国南方从美国进口大豆，比从东北购买大豆还便宜，因为 1 t 大豆从美国到中国的运费，只有 20 美元左右。

（二）高效率的运输方式

（1）装卸速度高，运载工具周转快。传统的运输方式具有装卸环节多、劳动强度大、装卸效率低、船舶周转慢等缺点，而集装箱运输完全改变这种状况。普通货船装卸，一般作业效率为 35 t/h 左右，而集装箱船装卸，人工码头的单机平均作业效率为 25～28 自然箱/h，且可多条作业线同时作业，每小时可装卸几百个标准箱（每个标准箱可装载 20 t 左右货物），可见装卸效率提高幅度惊人。同时，由于集装箱装卸机械化程度较高，因而每班组所需装卸工人数很少，工人的劳动生产率大大提高。随着大型集装箱装卸桥和桥式起重机的使用及不断改进，装卸速度进一步提高，目前在装卸船作业中，一个装卸循环的时间已可少于 1 min。

拓展阅读

2008 年 12 月 25 日，青岛前湾集装箱码头有限责任公司的许振超团队在“地中海弗朗西斯卡”轮创出 498 自然箱/h 的集装箱船舶装卸纪录，被业内人士称为“不可逾越的装卸速度”。

此外，由于集装箱装卸效率高，受气候影响小，船舶在港停留时间大大缩短，因而船舶航次时间大大缩短，船舶周转加快，航行率提高，船舶生产效率随之大大提高。在马尔康·马克林的实验中，纽约—休斯敦航线一个航次的总时间从 434 h 缩短到294 h，船舶在该航线上的每年理论上的航次数由 19.35 次增加到 28.56 次，2 艘集装箱船即可实现 3 艘传统货船的运载能力和运费收入。集装箱运输大大提高运载工具的利用率、周转速度和经济效益，从而提高船舶运输能力，在不增加船舶数量的情况下，可完成更多的运量，增加船公司收入，这样高效率便带来高效益。

（2）港口（场站）设施、设备的利用率提高。集装箱货物周转较快，在港、站、库、场停留时间较短，由于集装箱的强度比传统件杂货运输包装的强度大很多，可以多层堆码，因而库、场与其他港、站设施利用率都有较大提高。

（3）货物的运达速度较快，货方资金周转较快。随着装卸、运输效率的提高，集装箱运输(特别是国际间运输)法规的完善,通关、检验、理货等手续的简化以及集装箱运载工具速度的提高,集装箱货物的运达速度大大提高。这对于贸易活动的买方来说可以缩短订货周期,对于卖方来说可以提前结汇,双方资金流转效率都有所提高。

(三) 高投资的运输方式

集装箱运输虽然是一种高效率的运输方式,但同时也是一种资本高度密集的行业。集装箱运输系统是专用的系统,包括码头、运输船舶、内陆集疏运系统以及大量的集装箱等。这些设施设备和集装箱都需要大量投资。

(1) 全集装箱船的造价是一般件杂货船造价的 3.7～4.0 倍。一个 20 英尺钢质集装箱(密封式干货箱)造价为 2 500～3 500 美元,而一个冷藏箱造价约为同尺度普通箱的 5 倍。若一般集装箱与冷藏箱的数量按 3∶1 为船舶配备集装箱(包括正常载运及周转箱),则一艘载箱量为 1 000 TEU 的小型集装箱船所需的投资就高达 1 000 万美元以上。集装箱和船舶的高投资,使船公司的成本结构发生很大变化。许多集装箱船公司的固定成本在总成本中所占比例达 2/3 以上。

(2) 集装箱运输中的港口投资也相当大。专用集装箱码头设施包括泊位、前沿、堆场、货运站、维修车间、控制室和检查口,以及集装箱装卸搬运机械等,耗资巨大。

(3) 开展集装箱多式联运,还需有相应的内陆设施及内陆货运站等,为进行配套建设,需要兴建、扩建、改造、更新现有的公路、铁路、桥梁、涵洞等,投资惊人。这些都说明集装箱运输是一个需要大量投入的资金密集型行业,这也是集装箱运输在发达国家首先开展的主要原因。

(四) 高协作的运输方式

集装箱运输涉及面广、环节多、影响大,是一个复杂的运输系统工程。集装箱运输系统包括海运、陆运、空运、港口、货运站以及与集装箱运输有关的海关、商检、船舶代理公司、货运代理公司等单位和部门。如果互相配合不当,就会影响整个运输系统功能的发挥,一旦某一环节失误,必将影响全局,甚至导致运输生产停顿和中断。

(1) 集装箱运输是将高效装卸的专业化码头、快速周转的运输船队、四通八达的集疏运网络、功能齐全的中转站、具有较强实力的运输经营人、遍及世界的代理网络、科学准确的信息传递和单证流转、各种运输方式综合的组织和管理、先进的经营思想、标准化的货源和技术工艺、完善的法规体系、工作协调的口岸各部门(海关、理货、保险及其他运输服务等)有机地结合在一起的大规模的运输工程。

(2) 集装箱运输是一项高度系统化的运输工程,其整体功能的发挥依赖于各方面的协调发展与密切配合。现代集装箱运输从产生时起就将不同的运输方式紧密结合在一起,实现多种方式的综合组织,打破长期以来各运输方式独立发展、独立经营和独立组织的局面,使得集装箱运输在系统规划和建设、企业经营、运输组织和管理的基本思想及方法技术等方面与传统运输相比都发生极大变化,系统工程的思想和方法在这些发展变化中发挥重要作用。因此,集装箱运输是一种高协作的运输方式。

（五）适于组织多式联运

集装箱运输在不同运输方式之间换装时，无须搬运箱内货物而只需换装集装箱，可以提高换装作业效率，适于不同运输方式之间的联合运输。在换装转运时，海关及有关监管单位只需加封或验封转关放行，从而提高运输效率，解决长期以来两种运输方式衔接方面的困难，为多式联运的开展提供必要的技术保证。

资料卡

集装箱运输发展趋势

未来集装箱运输将呈现以下发展趋势：①集装箱船的智能化水平继续提升，将向无人化方向发展；②大型集装箱船使用液化天然气作为燃料，甚至采用核动力驱动，在延长续航时间和提高载箱能力的同时实现零碳排放；③集装箱码头将继续向决策智能化、作业自动化、现场无人化、能源绿色化方向发展，生产作业的高效性、安全性、可靠性、稳定性将继续提升；④集装箱、集装箱船、集装箱码头之间自动传递和共享信息，使集装箱运输更加智能、高效。

技能训练

阅读下面的新闻材料，分析讨论"一带一路"背景下，我国江海集装箱联运的必要性和优越性。

2018 年 6 月 15 日，国内第一艘河海直达集装箱船"汉唐上海"轮靠泊洋山深水港三期 7 号泊位，18 时 10 分完成集装箱装载作业，缓缓驶离码头，驶往苏州，开启我国第一段河海直达集装箱运输航程，也标志中国江海联运开启新征程。

2017 年交通运输部发布《关于推进特定航线江海直达运输发展的意见》及相关建造规范和配套监管办法，"汉唐上海"轮是新规发布后建造的第一艘河海直达集装箱船，载箱量为 124 TEU，主要投运洋山深水港至苏州航线。本航次由苏高新港始发，途经京杭运河、芜申运河、黄浦江、长江口，再经海区到达洋山深水港，装箱后返回苏州。

以前，长三角内河水域集装箱出运，主要依靠载货量 36～72 TEU 的内河驳船，先运抵外高桥或共青码头等地，再由海船二次转运到洋山港，运输周期长，中间环节多，成本较高。为响应国家推动长江经济带发展，新型河海直达集装箱船应运而生，实现洋山港与内河码头的直达运输，不但减少货物中转、降低物流成本、提升运输效率，还能有效减少上海国际航运中心集卡公路的运输压力，缓解道路拥堵和污染等问题。

（资料来源：新民晚报）

复习提高

一、判断题

1. 集装箱是一种交通工具。(　　)
2. 自动化集装箱码头出现在国际集装箱运输成长期。(　　)

二、选择题

1. 1966—1971年为国际集装箱运输的(　　)。

A. 成长期　　B. 成熟期　　C. 扩展期　　D. 徘徊朗

2. (　　)是对传统的以单件货物进行装卸运输工艺的一次重要革命，是交通运输现代化的重要标志。

A. 铁路运输　　B. 航空运输　　C. 公路运输　　D. 集装箱运输

3. 出现集装箱专用泊位，集装箱规格趋于国际标准化，统一采用国际标准化组织(ISO)所规定的标准集装箱是在集装箱运输的(　　)。

A. 开创期　　B. 成长期　　C. 扩张期　　D. 成熟期

4. 多式联运是指铁路、公路、海洋、内河和航空等不同运输方式中，有(　　)运输方式参加，共同完成全程的货物运输。

A. 一种　　B. 两种　　C. 一种及以上　　D. 两种及以上

三、简答题

1. 集装箱运输是怎样产生的？
2. 集装箱运输的主要特点是什么？
3. 国际集装箱运输的发展趋势是什么？

任务二 集装箱运输流程组织设计

任务导入

集装箱运输是一种现代化的运输形式，大大地提高运输效率，降低运输成本，可以进行“门—门”运输，实现国际间的多式联运。由船舶、港口、货物、航线、集装箱等基本要素构成。为有效地组织设计业务流程，我们需要和 Linda 一起学习相关知识。

任务目标

1. 集装箱运输的基本业务流程。
2. 集装箱运输的基本要素。
3. 集装箱运输子系统。

知识链接

一、典型集装箱货物运输流程

集装箱运输打破传统的运输形式，不但提高运输效率，也给多式联运创造良好的条件。传统件杂货运输是通过多次托运、反复换装、分段运输的方式完成的，各段的运输经营人独立完成自己承担区段的运输，而集装箱运输使货物的流转和交接都发生极大的变化，使全程运输出现统一组织的变化，实现“门—门”的运输。

在传统的国际货物运输中，托运人要从内陆各地用公路、铁路等运输方式将货物集中到港口，再通过与船公司的运输合同装船出运。货物运到目的港卸船后，再通过公路、铁路等运输方式将货物运到交货地点。在货物运输的全过程中，各运输区段的运输批量、运输线路和实际承运人的选择以及各段之间的衔接等运输组织工作都是由众多的托运人独立进行的。总体来看，运输组织是混乱的。由于各托运人托运货物的批量都较小，特别是在内陆运输中，无法实现规模经济，而集装箱的出现则克服这些缺点。集装箱运输流程见图 1-1。

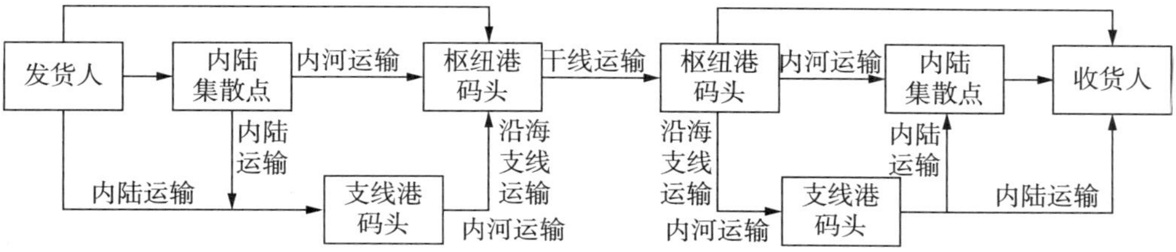

图 1-1　集装箱运输流程

集装箱内陆中转站是指供集装箱及其货物进行转运、拆箱、拼装等业务并由海关及国家其他主管部门监管的内陆货运转运场所。

支线集装箱运输是为解决集装箱船挂靠港多、不能进出大型船舶的矛盾，在沿海港口和内陆设置的以集散为目的的集装箱集散港（点），将各集散港（点）附近地区的集装箱汇集到各集散港（点），集中运至枢纽港。这种内陆城市或沿海的集散港（点）与枢纽港之间的运输为支线集装箱运输。

集装箱枢纽港是对集装箱港进行分类的术语，指有大量货源，又能起到海上与陆地及海上港口间集装箱运输交接点作用的港口。港内有集装箱码头堆场、集装箱货运站，可进行集装箱货物交接，并提供内陆运输服务。在上述集装箱运输流程中，对于货物的交接主要有 2 种不同的形态，即整箱货和拼箱货，二者具体的流转程序是不同的。

(一) 整箱货的流转程序

一般，整箱货的流转程序为：①发货人在自己工厂或仓库装箱地点配置集装箱并将货物进行装箱；②通过内陆运输或内河运输将集装箱货物运至集装箱码头；③在集装箱码头堆场办理交接，根据堆场计划在堆场内暂存集装箱货物，等待装船；④根据装船计划将集装箱货物装上船舶；⑤通过水上运输将集装箱货物运到卸船港；⑥根据卸船计划从船上卸下集装箱货物；⑦根据堆场计划在堆场内暂存集装箱货物；⑧通过内陆运输将集装箱货物运至收货人工厂和仓库；⑨收货人在自己工厂或仓库拆箱地点拆箱；⑩集装箱空箱回运。典型的整箱货物运输全过程见图 1-2。

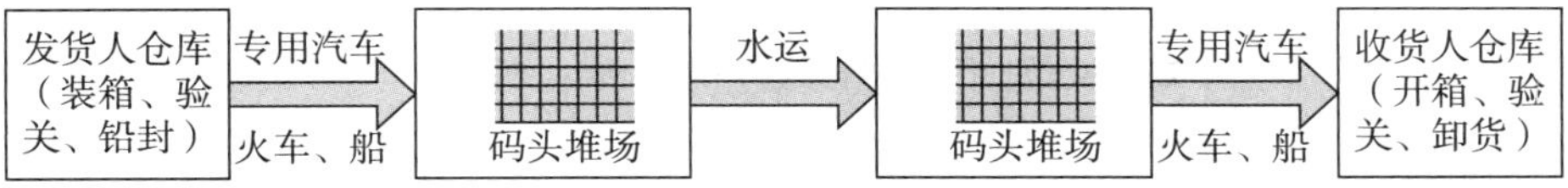

图 1-2　典型的整箱货物运输全过程

上述发货人至集装箱码头堆场，以及从集装箱码头堆场运至收货人方面的内陆运输，可有以下 3 种方式：①货主自己拖运。有关空箱的配置、重箱的运输，均由货主自己负责，在将集装箱运至集装箱码头堆场大门时进行交接。②承运人拖运。有关空箱的配置以及重箱的内陆运输，均由承运人安排并支付运费，承运人的责任从发货人仓库开始。③混合拖运。承运人负责并监管空箱配置，而重箱的运输由货主安排并支付运费。

(二) 拼箱货的流转程序

一般,拼箱货的流转程序为:①发货人自己负责将货物运至集装箱货运站;②集装箱货运站负责配箱、装箱;③集装箱货运站负责将装载货物的集装箱运至集装箱码头;④根据堆场计划将集装箱暂存堆场,等待装船;⑤根据装船计划将集装箱货物装上船舶;⑥通过水上运输将集装箱货物运抵卸船港;⑦根据卸船计划从船上卸下集装箱货物;⑧根据堆场计划在堆场内暂存集装箱货物;⑨将集装箱货物运到货运站;⑩集装箱货运站拆箱交货;⑪集装箱空箱回运。典型的拼箱货物运输全过程见图 1-3。

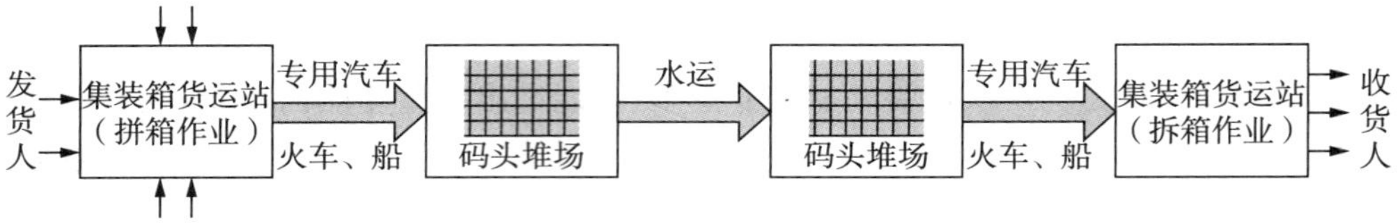

图 1-3　拼箱货物运输的全过程

(三) 集装箱整箱货和拼箱货的比较

整箱货和拼箱货的比较见表 1-3。

表 1-3　整箱货和拼箱货的比较

项目	整箱货	拼箱货
货主数量	1个	多个
装箱人	货主	货运站、集拼箱经营人、承运人
制装箱单加封	货主	装箱人
交接场所	门、场、钩	站
货物交接责任	只看箱子外表状况良好、关封良好即可交接	需查看货物的实际情况(如件数、外观、包装等)
提单上的不同	加注不知条款,如货主装箱计数并加铅封(Shipper's load and count and seal, SLCS)、据称箱内装有(Said to contain, STC)、据货主称(Said by shipper, SBS)	加注不知条款无效

二、集装箱运输的基本要素

(一) 适箱货源

不是所有的货物都适合集装箱运输。从是否适用于集装箱运输的角度,货物可分成 4 类:①物理与化学属性适合于通过集装箱进行运输,且货物本身价值高,对运费的承受能力大的货物；②物理与化学属性适合于通过集装箱进行运输，货物本身价值较高，对运费的承受能力较大的货物；③物理与化学属性上可以装箱，但货物本身价值较低，对运费的承受能力较差的货物；④物理与化学属性不适于装箱，或者对运费的承受能力很差，从经济上看不适于通过集装箱运输的货物。

其中，第 1 类货物称为“最佳装箱货”，第 2 类货物称为“适于装箱货”，第 3 类货物称为“可装箱但不经济的装箱货”，第 4 类货物称为“不适于装箱货”。集装箱运输所指的适箱货源，主要是前 2 类货物。对于适箱货源，采用集装箱方式运输是有利的。

想一想

从集装箱运输货物的经济性、物理性角度分析，下列货物各属于哪类：医药品、酒、家用电器、照相机、手表、纺织品、钢材、生铁、原木、桥梁、废钢铁、电线、袋装食品、屋顶板。

（二）标准化集装箱

为了提高专业化装箱效率，实现各国间集装箱货物换装和多式联运，ISO 制定国际标准化集装箱尺寸。除国际标准集装箱外，各国还有一些国内和地区标准集装箱，如我国国家标准中，就有 2 种适于国内使用的标准集装箱(5D 与 10D)。

（三）集装箱船舶

集装箱船舶经历一个由非专业向专业化发展的过程。最早的集装箱船舶是件杂货与集装箱混装的，没有专门装载集装箱的结构。发展到现在，国际海上集装箱运输使用的集装箱船舶均已专业化，而且船型越来越大。内河运输的集装箱船大多是由原来的驳船改造而成的。

（四）集装箱码头

与集装箱水路运输密切相关的是集装箱码头。集装箱水路运输的两端必须有码头，以便装船与卸船。早期的集装箱码头也与件杂货码头交叉使用，是在件杂货码头的基础上配备少量能够装卸集装箱的机械，用于处理混装的件杂货船舶上的少量集装箱。这类码头在我国一些中小型沿海港口和内河港口还可以看到。但是，现代化的集装箱码头已高度专业化，码头前沿岸机配置、场地机械配置、堆场结构与装卸工艺配置均完全与装卸集装箱配套。

（五）集装箱货运站

集装箱货运站在整个集装箱运输系统中发挥“承上启下”的重要作用，是一个必不可少的基本要素。集装箱货运站按其所处的地理位置和不同的职能，可以分为设在集装箱码头内的货运站、设在集装箱码头附近的货运站和内陆货运站等 3 种。集装箱货运站的主要职能与任务是集装箱货物承运、验收、保管与交付，拼箱货的装箱和拆箱作业，整箱货的中转，重箱和空箱的堆存和保管，票据单证的处理，以及运费、堆存费的结算等。

（六）集装箱卡车

集装箱卡车主要用于集装箱公路长途运输、陆上各节点之间（如码头与码头之间、码头与集装箱货运站之间、码头与铁路办理站之间）的短驳，以及集装箱的“末端运输”（将集装箱交至客户手中）。集装箱卡车一般由牵引车和挂车组成，其中牵引车功率在 220.5 kW 左右，挂车主要有全挂车和半挂车 2 种形式。整车加上载满货物的集装箱后质量可达 40～45 t。

（七）集装箱铁路专用车

集装箱铁路专用车主要用于铁路集装箱运输。集装箱铁路专用车主要用于集装箱的陆上中、长距离运输和所谓的“陆桥运输”。集装箱铁路专用车是由牵引机车和车厢组成的列车，按运输组织可分为编挂与定期直达列车的专用车辆和随普通货物列车零星挂运的专用车 2 种。随着集装箱运量的不断增加，各国都在研究和改善集装箱专用车厢（单层、双层），使运输效率不断提高。

技能训练

阅读下面的材料，并回答相关问题。

某出口贸易公司与海外某客户签订一份地毯销售合同，海外客户开来的信用证注明：目的港迪拜，要求整箱货运输，船为 MAERK、YML 等，但是当该出口贸易公司看到实际货物不足 18 m^3 时，擅自用拼箱货，并选用中远海运为船舶承运人。请问，出口贸易公司的做法是否妥当？如果不妥当，请为出口贸易公司拟订一份出口装运的集装箱业务流程。

复习提高

一、选择题

1. 下面的运输方式中，适合于大批量、长距离、较低运费、低风险客货运的是（　　）。

   A. 铁路　　B. 公路　　C. 航空　　D. 水运

2. 在集装箱出口货运业务中，不论是整箱货还是拼箱货，集装箱交接最终都送交（　　）等待装船。

   A. 集装箱公司　　B. 集装箱堆场　　C. 船公司　　D. 集装箱货运站

3. 在集装箱进口货运业务中，当是拼箱货时，货主要到（　　）提取货物。

   A. 集装箱公司　　B. 集装箱堆场　　C. 船公司　　D. 集装箱货运站

二、简答题

1. 集装箱运输由哪些基本要素构成，分别具有什么特点？
2. 典型集装箱运输流程是什么？
3. 整箱货和拼箱货的流转程序是什么？

模块二
集装箱运输要素

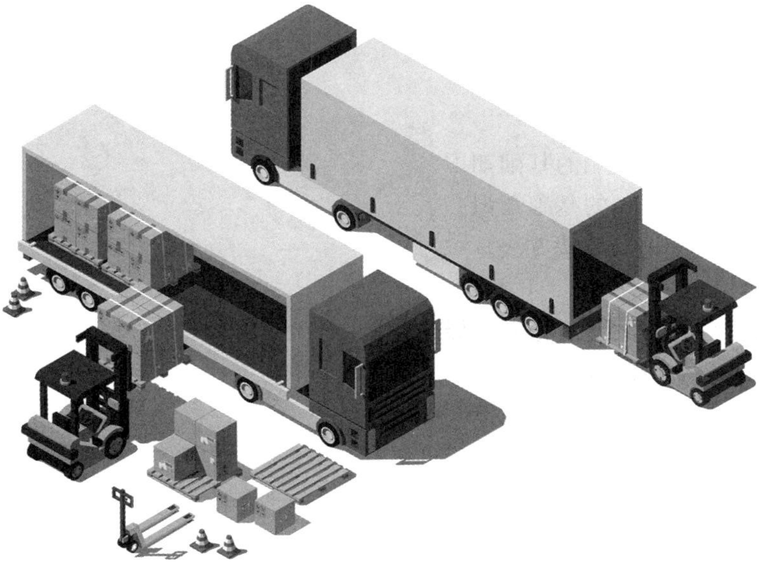

学习导入

集装箱有什么重要的地方吗？一个冷冰冰的铝制或钢制大箱子，上面有很多的焊缝和铆钉，底部铺着木板，其中的一端有两扇巨大的门——标准的集装箱非常像一只马口铁罐头盒。

其实，它的价值不在于是什么，而在于怎样使用。在集装箱出现之前，美国的沃尔玛、法国的成衣绝对不会遍地开花。而在集装箱出现之后，货运变得如此便宜，以至于某件产品产自东半球，运至纽约销售，远比在纽约近郊生产该产品来得划算。中国也从此登上国际集装箱海运和世界工厂的舞台。

——马克·莱文森(Marc Levinson)，《集装箱改变世界》

集装箱改变了航运的经济规律，并因此改变了全球的贸易流。如果没有集装箱，就不会有全球化。

——《经济学家》

集装箱是一个从20世纪初就开始运用的交通方式的新演变。

——法国历史学家 Rene Borruey

因此，集装箱被认为是改变世界的发明。本模块主要从集装箱、集装箱船、集装箱航线、集装箱码头、集装箱相关当事人等构成要素进行学习。

学习目标

1. 知识目标

(1) 集装箱和集装箱船舶的基础知识。

(2) 集装箱码头和航线的基础知识。

(3) 集装箱适箱货物及装载方法。

2. 技能目标

(1) 集装箱货物分类及集装箱的选择。

(2) 集装箱运输航线的设计。

任务一　标准集装箱

任务导入

集装箱运输以其高效的装卸效率和便捷的“门—门”的服务，在全世界被广泛采用。集装箱作为一种运输容器，可以被反复使用和装载在标准统一的运输工具上。在火车、汽车、轮船，甚至于飞机上反复使用的集装箱到底有什么统一规定？怎样能方便、快捷地寻找到所需要的集装箱？下面我们和 Linda 一起学习国际标准化组织（ISO）对集装箱制定的标准，识别不同类型的集装箱及集装箱标记等。

任务目标

1. 集装箱的定义。
2. 集装箱的标准化及国际标准箱。
3. 集装箱的分类及标记。

知识链接

一、认识集装箱

集装箱又称货柜或货箱，其英文为 Container，按英文的字面含义理解是容器，但并非所有的容器均可称作集装箱。为保证集装箱在装卸、堆放和运输中的安全需要，国际标准化组织（ISO）规定集装箱作为一种运输设备应具备以下基本条件：①具有耐久性，其坚固强度足以反复使用；②便于商品运送而专门设计的，在一种或多种运输方式中运输时无须中途换装；③设有便于装卸和搬运的装置，特别是便于从一种运输方式转移到另一种运输方式；④设计时应注意便于货物装满或卸空；⑤内容积为 1 m^3 或 1 m^3 以上。集装箱一词不包括车辆或传统包装。目前，我国国家标准《集装箱术语》（GB/T 1992—2006）中引用上述定义。

资料卡

国际标准化组织(ISO)关于集装箱的定义

1968 年，国际标准化组织（ISO）104 技术委员会起草的国际标准《集装箱术语》（ISO/R 830—1968）中，对集装箱作出定义，并经多次修改。国际标准《集装箱名词术语》（ISO 830—1981）对集装箱定义如下：

A freight container is an article of transport equipment:

(1) Of a permanent character and accordingly strong enough to be suitable for repeated use;

(2) Specially designed to facilitate the carriage of goods, by one or more modes of transport, without intermediate reloading;

(3) Fitted with devices permitting its ready handling, particularly its transfer from one mode of transport to another;

(4) So designed as to be easy to fill and empty;

(5) Having an internal volume of 1 m^3 or more.

The term freight container includes neither vehicles nor conventional packing.

二、集装箱的标准化

（一）集装箱国际标准化的必要性

为提高集装箱运输的经济性及安全性，使用集装箱在海、陆、空运输中具有通用性和互换性，并为集装箱运输工具和装卸设备的设计与制造提供依据。国际标准化组织（ISO）对集装箱提出以下 4 点必然要求。

1. 国际间运输的必然要求

集装箱运输是一种国际间的运输方式，同一种运输设备要在全球各个国家、地区间运输、交接与周转，其外形、结构、标志等就必须标准化，以保证所经过的各个国家、地区都能通过，使各个国家、地区的装卸设备、运输工具均能适应。

2. 多式联运方式的必然要求

集装箱运输本质上是一种“多式联运”，即在多数情况下，一个集装箱要经过 2 种或 2 种以上运输工具完成“门—门”运输。因此，集装箱的外形和结构必须标准化，以便能方便地在船舶、火车、卡车、飞机之间实施快速换装，并且便于紧固和绑扎。

3. 集装箱运输自身特点的必然要求

集装箱运输是一种消除具体运输货物的物理、化学特性区别的运输方式。在这种运输方式中，外形、特征各异的具体货物，都演变成千篇一律的金属箱子，原来可凭借视觉、嗅觉等感官直接加以区别的特征消失不见。这就要求集装箱有一些标准化的标记，便于相互识别，以及记录和传递信息。同时，集装箱本身是一种昂贵的运输设备，货主不可能为了少数几次运输而自行购置集装箱，一般采用租用的方式。因此，货主、箱主，接卸的物流节点，运输的船舶、卡车、火车之间，就构成很复杂的运输链及交接关系。这也要求集装箱必须拥有标准、鲜明的外部标记，形成一个信息的多维空间，便于识别、记录与及时传输。

4. 集装箱运输过程安全的必然要求

集装箱是用来运输货物的，本身必须承载较大的负荷。集装箱经常需要在较为恶劣的环境下运营，如必须能承受远洋运输途中船舶的剧烈摇晃，火车、卡车启动与刹车的冲击，装卸过程中的冲击等。因此，集装箱在强度上也必须有相应的标准规定，并有必要的检验与准用程序和规定。

（二）集装箱标准

集装箱标准按使用范围，可以分为国际标准、国家标准、地区标准和公司标准第 4 种。下面将重点介绍国际标准集装箱和国家标准集装箱。

1. 国际标准集装箱

国际标准集装箱是指根据国际标准化组织（ISO）104 技术委员会制定的国际标准来建造和使用的国际通用标准集装箱。集装箱标准化历经一个发展过程。国际标准化组织（ISO）104 技术委员会自 1961 年成立以来，对集装箱国际标准做过多次补充、增减和修改，到目前为止，国际标准集装箱共有 13 种规格，其宽度均一样（2 438 mm），长度有 4 种（12 192、9 125、6 058、2 991 mm），高度有 4 种（2 896、2 591、2 438、<2 438 mm）。

集装箱国际标准的推行和被普遍接受，促进集装箱国际间的交流，国际标准集装箱规格尺寸和最大总质量见表 2－1。

表 2－1　国际标准集装箱规格尺寸和最大总质量

<table>
<tr><th>规格/英尺</th><th>箱型</th><th>长/mm</th><th>宽/mm</th><th>高/mm</th><th>最大总质量/kg</th></tr>
<tr><td rowspan="4">40</td><td>1AAA</td><td rowspan="4">12 192</td><td rowspan="4">2 438</td><td>2 896</td><td rowspan="4">30 480</td></tr>
<tr><td>1AA</td><td>2 591</td></tr>
<tr><td>1A</td><td>2 438</td></tr>
<tr><td>1AX</td><td><2 438</td></tr>
<tr><td rowspan="4">30</td><td>1BBB</td><td rowspan="4">9 125</td><td rowspan="4">2 438</td><td>2 896</td><td rowspan="4">25 400</td></tr>
<tr><td>1BB</td><td>2 591</td></tr>
<tr><td>1B</td><td>2 438</td></tr>
<tr><td>1BX</td><td><2 438</td></tr>
<tr><td rowspan="3">20</td><td>1CC</td><td rowspan="3">6 058</td><td rowspan="3">2 438</td><td>2 896</td><td rowspan="3">24 000</td></tr>
<tr><td>1C</td><td>2 438</td></tr>
<tr><td>1CX</td><td><2 438</td></tr>
<tr><td rowspan="2">10</td><td>1D</td><td rowspan="2">2 991</td><td rowspan="2">2 438</td><td>2 438</td><td rowspan="2">10 160</td></tr>
<tr><td>1DX</td><td><2 438</td></tr>
</table>

资料卡

集装箱长度尺寸关系

由于在火车、卡车的同一车皮、堆场的同一箱位、可装载(堆存)一个40英尺集装箱的位置,必须可同时装载(堆存)两个20英尺集装箱或一个30英尺与一个10英尺集装箱,所以实际上除40英尺集装箱的长度允许正好为40英尺外,30英尺、20英尺、10英尺的集装箱长度均必须小于其公称长度。国际标准规定:集装箱长度之间的间距,必须为3英寸(76 mm)。集装箱长度尺寸关系见图2-1。

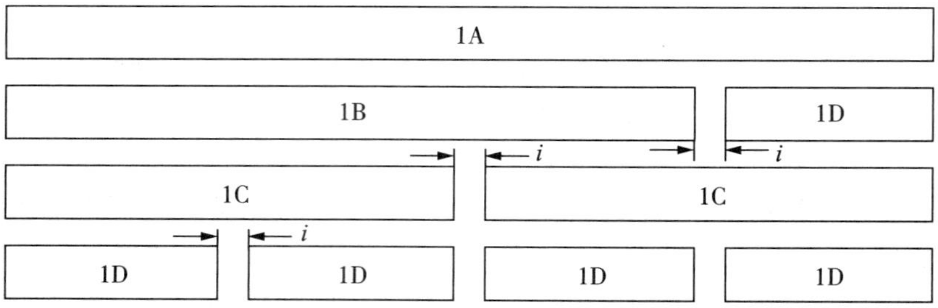

注:i 为间距,取3英尺(76 mm)

图 **2-1** 集装箱长度尺寸关系

2. 国家标准集装箱

2008年10月,中国国家标准化管理委员会发布《系列1集装箱——分类、尺寸和额定质量》(GB/T 1413—2008),其中规定我国现行集装箱标准,见表2-2。

表 2-2 我国现行集装箱标准

型号	高度/mm	宽度/mm	长度/mm	额定质量(最大总质量)/kg
1EEE	2 896	2 438	13 716	30 480
1EE	2 591			
1AAA	2 896	2 438	12 192	30 480
1AA	2 591			
1A	2 438			
1AX	<2 438			
1BBB	2 896	2 438	9 125	30 480
1BB	2 591			
1B	2 438			
1BX	<2 438			
1CC	2 591	2 438	6 058	30 480
1C	2 438			
1CX	<2 438			

表 2－2(续表)

型号	高度/mm	宽度/mm	长度/mm	额定质量(最大总质量)/kg
1D	2 438	2 438	2 991	10 160
1DX	<2 438			
注:1AA、1A 、1AX、1CC、1C 、1CX 型箱用于国际间运输;10D、5D 型箱用于国内运输				

三、集装箱的分类

为适应装运不同种类货物的需要,不同类型的集装箱应运而生。按照外部规格尺寸、用途、制造材料和结构等,集装箱可以分为不同的种类,下面主要按用途分类进行学习。

(一) 干货集装箱

干货集装箱也称杂货集装箱、通用集装箱,用以装运除液体货、需要调节温度的货物及特种货物以外的一般件杂货,见图 2－2。干货集装箱使用范围很广,常用的有 20 英尺和 40 英尺 2 种;其结构常为封闭式,一般在一端或侧面设有箱门,箱内设有一定的固货装置,使用时要求清洁、水密性好;其适箱货物为有适当包装的件杂货,以便充分利用集装箱的内容积。在各种集装箱中,干货集装箱所占比重最大,达 9 成以上。

图 **2－2**　干货集装箱

(二) 开顶集装箱

图 **2－3**　开顶集装箱

开顶集装箱也称敞顶集装箱,其箱顶可以方便地取下、装上,有硬顶和软顶 2 种,其他构件与干货集装箱类似,见图 2－3。其中:硬顶是用薄钢板制成的,利用起重机械进行装卸作业;软顶一般用帆布、塑料布或涂塑布制成,开顶时,只要向一端卷起即可。开顶集装箱适于装载高度较高的重大件货,如钢铁、木材,尤其是玻璃板等易碎重货,利用吊机从顶部吊入箱内不易损坏,而且也便于在箱内固定。由于箱顶可能进水，开顶集装箱一般应装于舱内而不是甲板上。

资料卡

超尺寸集装箱(OOG)

超尺寸集装箱(OOG)，主要指装运超尺寸货物的开顶集装箱和平板集装箱，随着设备及大型机械进出口的增长，OOG 承担重要的运输任务，并慢慢被大家所熟悉。目前各船舶所有人都有建立 OOG 产品的团队，另外各口岸也都有以 OOG 特种箱运输为主要服务产品的货代公司出现，因为其资源的稀缺性，尚存在很多不规范的地方，客户在选择合作伙伴时存在着一定风险，同时船公司在选择下游合作伙伴时也一样比较谨慎。

(三) 冷藏集装箱

冷藏集装箱又称冷柜、冻柜或雪柜，是专为在运输中要求保持一定温度的冷冻货或低温货(如鱼、肉、新鲜水果、蔬菜及某些药物)而特殊设计的保温集装箱，见图 2-4。按照制冷源，冷藏集装箱可以分为 2 种：①箱内设有制冷机组的，称为内藏式机械冷藏集装箱；②箱内未设有制冷机组，而只有隔热结构，即在集装箱端壁上设有冷气吸入孔和排气孔，箱子装在船舱中，由船舶制冷装置及固定管路供应冷气的，称为外置式机械冷藏集装箱或离合式冷藏集装箱。冷藏集装箱与干货集装箱相比，内容积较小，例如对于 40 英尺高箱，冷藏集装箱的内容积约为 67 m^3，而干货集装箱的内容积约为 76 m^3。

图 **2-4**　冷藏集装箱

(四) 罐式集装箱

罐式集装箱适用于装运酒类、油类、液体食品及化学品等液体货物，由罐体和箱体框架两部分组成，其中罐体用于装液体货，箱体框架用来支撑和固定罐体，见图 2-5。罐体外壁采用保温材料以使罐体隔热，内壁一般要研磨抛光以避免液体残留于壁面。为降低液体的黏度，罐体下部还设有加热器，罐体内温度可以通过安装在其上部的温度计观察到。罐顶设有装货口，罐底设有排出阀。装货时货物由液罐顶部的装货孔进入；卸货时则由排货孔靠重力自行流出或从顶部装货孔吸出。罐式集装箱与干货集装箱相比，内容积小一半左右，而自重却大一倍左右。对于 20 英尺集装箱来说：罐式集装箱的内容积约为 20 m^3，而干货集装箱的内容积约为 33 m^3；钢质罐式集装箱的自重约为 5 t，而钢质干货集装箱的自重约为 2.3 t。

图 **2－5**　罐式集装箱

（五）台架式集装箱

台架式集装箱没有箱顶板和侧壁板，也没有门，甚至连端壁也去掉而只有厚度比一般干货集装箱厚许多的箱底板和连接在箱底板上的骨架，见图 2－6。台架式集装箱可以从前后、左右及上方进行装卸作业，适合装载长大件和重货件，如重型机械、钢管、木材、钢锭、机床等。台架式集装箱没有水密性，怕水怕湿的货物不能装运，若用帆布遮盖货物则能部分防水。

图 **2－6**　台架式集装箱

（六）平台式集装箱

平台式集装箱是在台架式集装箱上再简化而只保留底板的一种特殊结构集装箱，主要用于装卸长、重大件货物，如重型机械、钢材、整件设备等，见图 2－7。平台式集装箱的长度、宽度与国际标准集装箱的箱底尺寸相同，可使用与其他集装箱相同的紧固件和起吊装置。平台式集装箱的采用打破过去一直认为集装箱必须具有一定容积的概念。平台式集装箱比台架式集装箱使用少许多，因为大部分台架式集装箱为折叠式，只要放倒板架或角柱即可变为平台式集装箱。

图 2-7 平台式集装箱

平台式集装箱主要装载超长、超宽、超高的大型机械设备以及重大件货物，如重型机械、钢材、木材等。做好平台式集装箱运输，必须符合以下基本装载要求：①良好的绑扎、支撑和固定，注意均衡放置，保持重心稳定；②根据货物自身需求，做好防水防潮措施，必须具备良好强度的包装，以避免货物包装在运输途中破裂；③货物主体部分以钢索稳固在柜子上；④货物的前后必须进行有效的加固，除要有足够适当的钢索加固外，还需加装垫木以避免货物前后移动；⑤散件货物必须适当包装，最好以箱体包装，裸装或空置的方式均不可接受；⑥钢索与木箱之间需要加托垫；⑦装箱前提供货物装载图和装载计划。

正规的货物都有标志吊点和绑固点，如果没有就根据货物形状和结构寻找最好的绑固点，绑固点要求与整体有很好的连接，受力强，绑扎点之间的距离要短。若没有可绑扎的点，则根据货物尺寸进行整体围绑，横向和竖向交叉。绑扎可以了解货物的具体状况、形状质量，确保重心平衡，主要材料是钢丝、接头、绑扎带、木垫等。

资料卡

平板箱对于尺寸有哪些要求？

由于在船上配载等因素，平板箱尺寸通常有 2 种划分方式。考虑到舱位损失，对于 40 英尺平板箱来说：多数船公司选择将集装箱装在甲板以下，这样货物长度就不能超过 11.65 m，因为在两端的挡板左右要留下 30 cm 的导轨位置；或者将集装箱装在甲板以上，则货物长度可以达到 11.9 m，甚至可以装超长的货物。20 英尺平板箱是不会被放置在舱内的，因为舱内基本不会设计 20 英尺平板箱的导轨，所以不同的货物有不同的配载方法，需要视实际情况而定。

（七）服装集装箱

服装集装箱也称挂衣箱，见图 2-8。其结构特点是：在箱内上侧梁上装有多根横杆，每根横杆上垂下若干条皮带扣、尼龙带扣或绳索，成衣利用衣架上的钩直接挂在带扣或绳索上。这种装载方式属于无包装运输，不仅节约包装材料和包装费用，而且减少人力成本，提高服装的运输质量。

图 **2-8**　服装集装箱

资料卡

其他用途集装箱

集装箱的应用范围越来越广，不但用于装运货物，还广泛用于其他用途。例如："流动电站集装箱"，可在一个 20 英尺集装箱内装置一套完整的发电机组，装满燃油后可连续发电 96 h，供应 36 个 20 英尺或 40 英尺冷藏集装箱的耗电；"流动舱室集装箱""流动办公室集装箱"，可在一个 20 英尺集装箱内装备舒适的居室和办公室；美国已经研制成由若干个 20 英尺集装箱组成的"战地医院"，有几十个床位，配有药房、化验室、手术室、护理室等，可用 C130 运输机运输，在战地迅速布置。

在货物管理中，通常使用缩写代码来表示不同类型的集装箱。集装箱箱型及代码对照见表 2-3。

表 2-3　集装箱箱型及代码对照

长度/英尺	箱型	箱型代码	95 码	英文全称
20	干货箱	GP	22G1	General Purpose
	干货高箱	GH(HC/HQ)	25G1	General High
	挂衣箱	HT	22V1	Hanger Tanker
	开顶箱	OT	22U1	Open Top
	冷冻箱	RF	22R1	Refrigerated
	冷高箱	RH	25R1	Refrigerated High
	油罐箱	TK	22T1	Tank
	框架箱	FR	22P1	Frame

表 2-3(续表)

长度/英尺	箱型	箱型代码	95 码	英文全称
40	干货箱	GP	42G1	General Purpose
	干货高箱	GH(HC/HQ)	45G1	General High
	挂衣箱	HT	42V1	Hanger Tanker
	开顶箱	OT	42U1	Open Top
	冷冻箱	RF	42R1	Refrigerated
	冷高箱	RH	45R1	Refrigerated High
	油罐箱	TK	42T1	Tank
	框架箱	FR	42P1	Frame
注：95 码第一位 2 表示 20 英尺箱，4 表示 40 英尺箱；第二位 2 表示非高箱，5 表示高箱				

四、集装箱的标记

为在运输过程中便于对集装箱进行识别和管理，以及单据编制和信息传输，国际标准化组织(ISO)制定集装箱标记，在集装箱箱体上应涂打清晰、易辨、耐久的标记。国内使用的集装箱按国家标准《集装箱代码、识别和标记》(GB/T 1836—1997)规定涂打；国际间使用的集装箱按国际标准《货运集装箱——编码、识别和标志》(ISO 6346—1984)规定涂打。国际标准化组织(ISO)规定的标记有必备标记和自选标记两类，每一类标记中又分为识别标记和作业标记。集装箱标记代号的位置见图 2-9。

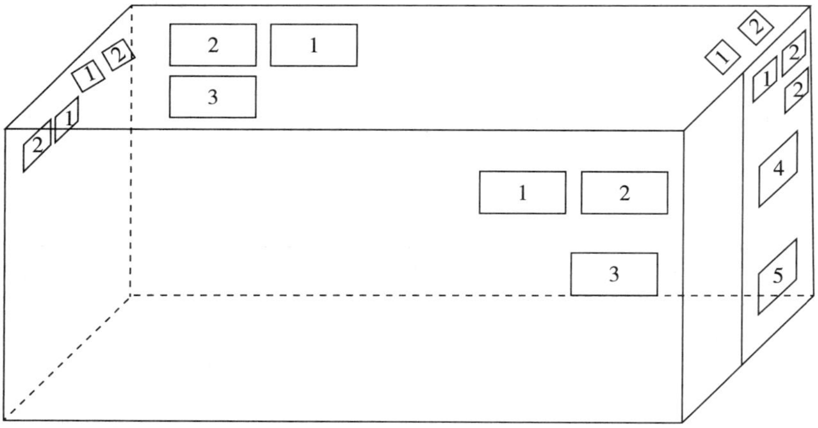

1—箱主代码；2—箱号或顺序号、核对数字；3—集装箱尺寸及类型代号；
4—集装箱总量、自重和容积；5—集装箱制造厂名及出厂日期

图 2-9　集装箱标记代号的位置

(一) 必备标记

1. 识别标记

识别标记包括箱主代码、设备识别码、集装箱顺序号和核对数字，见图 2-10。

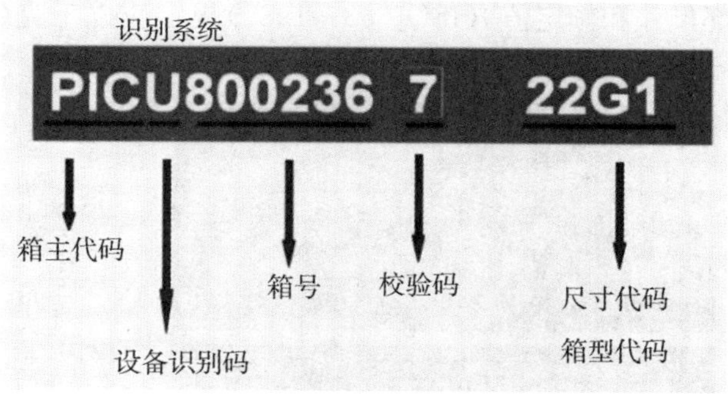

图 2-10　识别标志含义示意

(1) 箱主代码。其是集装箱所有人向国际集装箱局登记注册的 3 个大写的拉丁文字母,如马士基集团自有箱的箱主代码之一是“MSK”。箱主代码举例见表 2-4。

表 2-4　箱主代码举例

公司名称	箱主代码	公司名称	箱主代码
马士基航运	MSK,MWC	上海海华	HHS,HAH
地中海航运	MSC	以星航运	ZIM,ZCS
法国达飞轮船	CMA,CMC	赫伯罗特	HLX
长荣海运	EMC,EVG	太平船务	PIL
美国总统轮船	APL,APS	山东海丰	ITC

(2) 设备识别码。其是紧接着箱主代码的第 4 位字母,用以表示集装箱的类型,最常见的是“U”,用于表示所有常规的集装箱,另外“J”表示带有可拆卸的集装箱,“Z”表示集装箱的拖车和底盘车。

(3) 集装箱顺序号。其又称箱号或箱体注册码,由 6 位阿拉伯数字组成。若有效数字不是 6 位,则在有效数字前用“0”补足 6 位以区别于同一箱主的集装箱,如“053842”。

(4) 核对数字。其又称校验码,用来验证箱主代码和顺序号记录是否准确,经计算机处理所得。核对数字位于顺序号后,以 1 位阿拉伯数字加一方框表示。

资料卡

“自动道口”的出现和“核对数字”作用的下降

“核对数字”在“人工道口”的条件下作用非常重要,因为人非常可能由于误读、疲劳等原因,输错集装箱箱号,从而导致集装箱的信息丢失。目前,在集装箱码头等一些集装箱频繁出入的企业,“自动道口”使“核对数字”的作用下降。

2. 作业标记

(1) 额定质量和自重标记。额定质量即集装箱总重,自重即集装箱空箱质量,《系列 1

集装箱——类型、外部尺寸和额定值》(ISO 668—1987)规定应以千克(kg)和磅(lb)同时表示,见图 2-11。

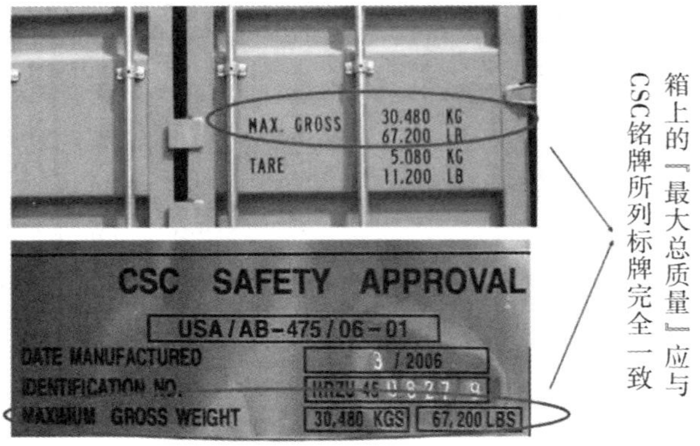

图 **2-11** 额定质量和自重标记

需要注意的是:柜后门标出的 MAX.GROSS 指的是柜子强度能承托的最大箱货总重,PAYLOAD CAPACITY 指的是柜子强度能承托的最大货物质量。但是,在实际业务中,尤其是目的港为发达国家,则最多可载货质量远小于柜子后门所标的 PAYLOAD CAPACITY(或 NET WEIGHT),如欧美地区规定大、小柜内装货限重分别约为 17 和 19 t。通常,货代向承运人订舱后,有些承运人(船公司)回传给货代的 S/O 上盖有限重章,如"本公司规定 20、40 英尺柜最多可装货 17.1 和 19.3 t"。大、小柜的内容积及限重见表 2-5。

表 2-5 大、小柜的内容积及限重

箱型	20 英尺 GP	40 英尺 GP	40 英尺 HQ	45 英尺 HQ
理论内容积/m^3	33	67	76	86
通常允许配货体积/m^3	22～28	50～58	60～68	70～78
通常配货毛重/t	约 17.5	约 22	约 22	约 29

(2) 空陆水联运集装箱标记。由于空陆水联运集装箱的强度仅能堆码 2 层,因而国际标准化组织(ISO)对空陆水联运集装箱规定特殊的标志,见图 2-12。该标记为黑色,应置于侧壁和端壁的左上角,并规定标记的最小尺寸为高 127 mm、长 355 mm,字母标记的字体高度至少为 76 mm。

图 **2-12** 空陆水联运集装箱标记

（3）箱顶触电警告标记。该标记为黄色底上作黑色三角形，一般设在罐式集装箱上和位于邻近登箱顶的扶梯处，以警告登梯者有触电危险。箱顶触电警告标记见图 2－13。

图 **2－13**　箱顶触电警告标记

技能训练

请讨论分析下列货物的特性并选择合适的集装箱。

货物	数量	适用集装箱
3 m 高的大型机械设备/件	1	
散装稻谷/t	100	
袋装的玉米面粉/袋	500	
小汽车/辆	200	
7 m 长的钢管/件	20	
新鲜蔬菜/t	18	
高档服装/套	500	

复习提高

一、判断题

1. 尼龙袋包装的煤炭可以使用普通集装箱装运。（　　）
2. 活的动物不能用干货集装箱装运。（　　）
3. 1 个 TEU 的含义是“1 个 20 英尺的集装箱”，也称为“一个标准箱”。（　　）
4. 一个 20 英尺 GP 的载货质量为 33 t 左右。（　　）

二、选择题

1. 集装箱长、宽、高的外部尺寸分别是 40、8、9.6 英尺，这种集装箱是（　　）。
   A. 1A　　B. 1AAA　　C. 1C　　D. 1B

2. 下列不适合使用干货集装箱装运的货物是(　　)。

A. 新鲜水果　　B. 干果　　C. 2 m 长钢管　　D. 小轿车

3. 下列属于海运集装箱标记的是(　　)。

A. HJCU8747654　　B. HJC874765

C. HJCU874765　　D. HJCK8747654

三、连线题

1. 将下列集装箱名称与它们的缩写形式匹配。

干货集装箱	SOC
干货集装箱(高箱)	GP
货主箱	COC
承运人箱	RF
冷藏集装箱	HC

2. 为下列货物选配合适的集装箱类型。

纸箱包装的毛绒玩具	笼箱
散装的 93 号汽油	高箱
纸箱包装的冻鸡块	干货箱
活的牛	油罐箱
高 2.8 m 家具	冷冻箱

任务二　集装箱船舶

任务导入

海上集装箱船舶，必须在开航前和开航当时适于海上航行，可以抵御海上风浪和恶劣天气，目前能够运输集装箱的船舶主要有全集装箱船、半集装箱船、滚装船等。这些船舶上都具有适于集装箱运输的格栅结构或者固定装置。下面我们和 Linda 一起学习集装箱船舶相关知识。

任务目标

1. 全集装箱船的结构和特点。
2. 集装箱船舶大型化趋势的可行性和必要性。

知识链接

一、集装箱船发展历程

随着国际贸易量的不断增长，国际集装箱海运量不断增加，集装箱运输船舶得到快速发展。集装箱船型由 1956 年改装船“马克斯顿号”(1957 年的“盖脱威城”号)发展到现在的全集装箱船、滚装船、载驳货船等，集装箱船舶日趋高速化、大型化。克拉克松数据显示，1980 年全球仅有 600 艘集装箱船，1990 年为 1 289 艘，2000 年为 2 624 艘，截至 2018 年 12 月 31 日为 5 284 艘且运力达到 2 230 万 TEU。集装箱船型划分见表 2－6。

表 2－6　集装箱船型划分

船型	载质量/万 t	满载箱量/TEU	总长/m	型宽/m	满载吃水/m	载箱层数/层		舱面载箱列数/列	推出年份
						舱内	舱面		
第一代支线船	0.1～1.2	≤830	147	22.6	8.2	6	2	8	1968

表 2-6(续表)

船型	载质量/万 t	满载箱量/TEU	总长/m	型宽/m	满载吃水/m	载箱层数/层		舱面载箱列数/列	推出年份
						舱内	舱面		
第二代沿海近洋型	1.2～2.7	831～1 900	183	27.8	10.5	6	2	10	1968
第三代远洋型	2.7～4.5	1 901～4 600	244	32.3	12.0	7	3	12	1972
第四代巴拿马型	4.5～6.5	3 101～4 600	294	32.3	13.0	8	5	13	1984
第五代超巴拿马型	6.5～8.5	4 601～6 000	300	40.3	14.0	8	5	16	1995
第六代超巴拿马型	8.5～11.5	6 001～8 200	347	42.8	14.5	9	5	17	1997
第七代苏伊士运河型	11.5～17.5	8 201～12 500	380	55.8	15.0～16.0	10	7	22	2005
第八代马六甲海峡型	17.5～24.0	≥12 501	400	60.0	18.0～21.0	13	8	24	2015

二、集装箱船的种类

集装箱船是以载运集装箱为主的运输船舶，又称货箱船。目前，集装箱船主要是指全集装箱船。

集装箱船与一般货船相比，形状和结构有明显不同。它外形狭长，单甲板，上甲板平直，货舱口大；有的船呈双排或三排并列，货舱口宽度可达船宽的 70%～80%。上层建筑位于船尾或中部靠后以让出更多甲板面积堆放集装箱，甲板和货舱口盖上有系固绑缚设备，甲板上可堆放 2～4 层集装箱。货舱内部装有固定的格栅导架，以便于集装箱的装卸和防止船舶摇摆时箱子移动。货舱内可堆放 3～9 层集装箱。

货舱内靠舷边部分因不便于装载集装箱，一般做成深舱，可装压载水以改善船舶稳性。集装箱船载货时重心较高，受风面积也较一般船舶大，因此对稳性要求高。装货时重箱宜放在底层，轻箱和空箱宜放在上层以降低船舶重心。

集装箱船装卸速度快，停港时间短，大多采用高航速，通常为 20～23 kn。近年来，为节能减排，一般采用经济航速，即 18 kn 左右。在沿海短途航行的集装箱船，航速仅 10 kn 左右。

（一）全集装箱船

全集装箱船又称集装箱专用船，指专门用以装运集装箱的船舶，见图 2-14。全集装箱船与一般杂货船不同，其货舱内有格栅式货架，装有垂直导轨，便于集装箱沿导轨放下，四角有格栅制约，可防集装箱倾倒。全集装箱船的舱内可堆放 3～9 层集装箱，甲板上还可堆放 3～4 层，在海上能安全有效地运送大量集装箱，服务于班轮航线，往往定期航行于世界各主要集装箱港口。

图 **2－14**　全集装箱船

(二) 滚装式集装箱船

滚装式集装箱船是由汽车轮渡发展起来的一种专用船舶，见图 2－15。自 1957 年美国太阳造船公司建造了世界第一艘滚装船。滚装运输方式发展很快，具有以下优点：滚装船码头设备简单，投资少；由于带轮滚装，车辆从船上直接开上开下，比吊式集装箱船的装卸效率高；适应各种货物运输，通用性较大；等等。滚装船主要用来运送汽车和集装箱，本身无须装卸设备，一般在船侧或船首、尾有开口斜坡连接码头，装卸汽车或者集装箱(装在拖车上的)，可直接开进或开出船舱。滚装式集装箱船的主要缺点是舱容利用率低，造价高，运输成本比全集装箱船高等，适用于沿海或近洋短途航线。

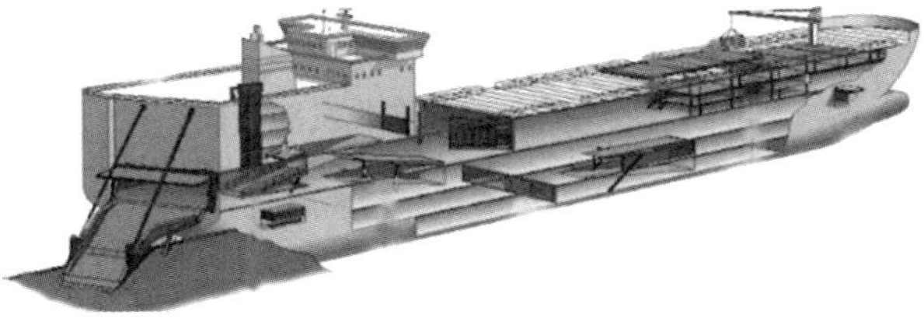

图 **2－15**　滚装式集装箱船

(三) 多用途船

多用途船通用性强，使用范围广，一般以某一类干货为主，兼运其他干货，见图 2－16。近年来建造的多用途船，以载运集装箱或重大件、超长件为主，兼运集装箱、重货或散货。

虽然多用途船运输某一类货物不如专用船舶效率高、成本低，但在航线货种多、变化大、货源不稳定的情况下，多用途船由于适应性强，揽货能力高，并可减少回空及待泊，其航行率大为提高。利用多用途船运输集装箱，既可节约船舶投资又可减少集装箱码头投资，所以多用途船仍得到较快发展。

多用途船航速一般不太高，在 15～16 kn；多用途船常设有起重设备，起重能力一般为 20 t，也有的多用途船根据需要设置起重能力为 40～50 t 不等的重型吊杆；多用途船一般载货量为 2 万 t。

图 2-16　多用途船

三、集装箱船的特点

（一）船舶吨位大

集装箱船的吨位明显大于传统货船，其原因主要是船舶吨位的大小对运输成本影响较大。根据运输的规模经济可知，虽然船舶总运输成本随吨位的增加而增加，但是船舶单位运输成本随船舶吨位的增加而减少，而且集装箱船的装卸效率大大高于干货船，因此增加船舶吨位，其经济效益是显而易见的。近 10 年来，12 000 TEU 以上的超大型集装箱船船队运力年均增速达到 48.6%。集装箱船大型化发展历程见表 2-7。

表 2-7　集装箱船大型化发展历程

年代	船名	所属船公司	最大载箱量/TEU
1961	林肯总统	美国总统轮船	126
	泰勒总统	美国总统轮船	126
1968	威悉河快车	赫伯罗特	736
	英康特海湾	赫伯罗特	1 530
1972	汉堡快航	赫伯罗特	2 950
1996	里贾纳·马士基	马士基航运	6 400
1997	苏珊·马士基	马士基航运	8 000+
2002	夏洛特·马士基	马士基航运	8 890
2003	安娜·马士基	马士基航运	9 130
2005	古杰多·马士基	马士基航运	10 500

表 2－7(续表)

年代	船名	所属船公司	最大载箱量/TEU
2006	爱玛·马士基	马士基航运	15 500
2012	达飞·马可波罗	达飞海运	16 000＋
2013	马士基·迈克-凯尼·穆勒	马士基航运	18 270
	中海环球	中国海运	19 100
2015	地中海奥斯卡	地中海航运	19 224
	阿拉伯巴尔赞	阿拉伯联合航运	19 870
2017	马德里·马士基	马士基航运	20 568
	东方海外香港	东方海外	21 413
2019	地中海古尔松	地中海航运	23 756

(二) 功率大,航速高

由于集装箱船装卸效率高,在港停留时间大大缩短,且集装箱所装载的多为贵重货物,若提高航速,则有利于加速船货周转,提高竞争力。同时,集装箱船如以班轮形式运行,要求严格遵守班期,需要具有较大的储备功率。因此,集装箱船比普通干货船功率大、航速高。目前国外普通货船平均航速为 14～16 kn,而集装箱船的平均航速为 18～23 kn,也有甚至高达 30 kn 以上。

(三) 货舱开口大,货舱尺寸规格化

集装箱船一般为大开口单甲板船,为方便装卸集装箱和充分利用舱容,集装箱船的舱口宽度基本上与货舱一致。由于舱口上要堆放数层集装箱,要求舱口盖具有足够强度。集装箱船与普通货船相比,舱口要宽 30%～50%,舱口长 60%～80%。舷侧设有边舱,可供装载燃料或作压载用。

(四) 船体形状比较“瘦削”

因集装箱船航速高,所以其方形系数较小。考虑到集装箱船属布置型船,舱容利用率较低,因此选取合理的船舶主尺度比值对提高航行性能相当重要,一般船体形状比较“瘦削”。

(五) 稳性要求较高

集装箱船甲板上装箱量较大,且甲板箱装得越多越经济,因为这可以提高船舶载质量利用率。一般甲板上装箱数占全船装箱总数的 20%～50%,因此满载的重心高度比普通货船大得多,初稳性高度较小。同时这也使船舶受风面积增加,风压力臂增大,对稳性产生不利影响,在风浪中横摇加剧,影响操纵。因此,集装箱船需要大量压载,以提高船舶在各种吃水状态条件下的稳性。

技能训练

阅读下面的资料，了解大型全集装箱船的特点，并分析地中海航运订造第八代集装箱船的原因。

地中海航运(MSC)2019 年 8 月 20 日宣布，全球最大的集装箱船“地中海古尔松”轮(MSC Gulsun)已抵达欧洲，顺利完成首航。MSC Gulsun 是 MSC 订造的 11 艘 23 000＋TEU 系列船中第一艘交付的新船。该船长约 400 m，宽 60 m 以上，悬挂巴拿马国旗，可装载 23 756 TEU。2019 年 7 月 MSC Gulsun 在三星重工巨济船厂交付，7 月 8 日从中国天津港正式开启首航之旅，投入 2M 联盟的亚欧航线 Silk/AE10 运营，并于 8 月 9 日首次通过苏伊士运河。MSC Gulsun 已成为集装箱航运界新的标杆，特别是在环保上的表现。船型的一大特色是船首的设计减少船身阻力，提升能效。船舶设计将风阻做到最小化，减少燃油消耗。新船型还可以连接岸电，从港口获取绿色能源。MSC 表示，MSC Gulsun 每运送 1 t 货物，可以减少 13%的二氧化碳排放，其能效表现和燃油经济性让 MSC 可以提前满足 IMO 设立的 2030 年环保要求。

(资料来源：国际海事信息网)

复习提高

一、选择题

1. 载箱量在 3 500 TEU 的集装箱船属于(　　)集装箱船。

A. 第二代　　B. 第三代　　C. 第四代　　D. 第五代

2. 不属于集装箱船的特点是(　　)。

A. 大舱口　　B. 功率大、航速高

C. 舱内有格栅结构　　D. 甲板上设有起货设备

二、简答题

1. 集装箱船的分级是怎样的?
2. 集装箱船有哪些分类，不同分类下的集装箱船的特点是什么?
3. 集装箱船大型化的趋势将带来哪些好处与弊端?

任务三　集装箱码头

任务导入

集装箱码头是集装箱运输系统的重要组成部分，它既是海上运输和陆上运输的连接点，又是各种运输方式衔接的换装点及集装箱的集散地。集装箱海转陆、陆转海、海转海以及拆、拼箱等业务都要在这里进行。因此，集装箱码头在整个集装箱运输过程中，具有重要的地位和作用，做好集装箱码头的各项作业，对于加速车、船和集装箱周转，提高运输效率和运输效益，降低运输成本，均具有十分重要的意义。下面我们和 Linda 一起学习现代集装箱码头相关知识。

任务目标

1. 现代集装箱码头的特点和等级分类。
2. 现代集装箱码头的布局。

知识链接

一、集装箱码头

在现代集装箱运输链中，集装箱码头是一个极其重要的节点。随着现代物流的发展，集装箱码头又成为物资流、资金流、商品流和信息流的汇集地，成为现代物流的重要平台。在传统的运箱链中，集装箱码头只是供集装箱船舶停靠和装卸作业的场所，在现代物流链中，集装箱码头被赋予更多的功能。

(一) 集装箱码头的特点

1. 码头作业的机械化、高效化

现代集装箱码头无论是岸边装卸、水平搬运，还是堆场堆垛等作业均已实现机械化，采用大型先进的集装箱专用机械设备，进行快速、高效、连续的作业。一艘 3 000～4 000 TEU 的集装箱船，可以当天到港、当天离港。目前，国际先进的集装箱码头装卸桥的作业效率已达 60 TEU/h 左右，随着装卸机械和装卸工艺的不断改进，集装箱码头的装卸效率仍可进一步提高。洋山深水港集装箱码头见图 2 - 17。

图 2 - 17　洋山深水港集装箱码头

2. 码头生产管理的计算机化、信息化

随着计算机技术和通信技术的快速发展，集装箱码头在生产作业管理中大多已实现计算机管理。采用先进的计算机生产管理系统，对集装箱码头各项生产作业进行有效的组织、计划、指挥和控制，大大提高作业效率，避免复杂和重复的人工作业。与此同时，借助网络，电子数据交换（Electronic Data Interchange，EDI）技术也被广泛应用于集装箱码头，即在集装箱码头的计算机生产管理系统中，通过 EDI 技术与货主、货代、船公司、船代、外理以及检验检疫等口岸管理机构实现快速而高效的信息沟通和信息交换，舱单、船图、装箱单等重要的运输单证已实现无纸化。此外，码头生产管理还向智能化和自动化方向发展，国外一些先进的集装箱码头，如鹿特丹、新加坡等，已实现堆场作业和道口作业的自动化。

3. 码头设施的大型化、深水化

随着集装箱船舶的大型化，集装箱码头，尤其是大型集装箱码头纷纷改建、扩建和新建泊位，以接纳更大的集装箱船舶靠泊和装卸。目前，世界各集装箱大港均拥有或在建－14 m 以上的深水泊位，如香港、新加坡、高雄、釜山、鹿特丹、洛杉矶、长滩等，均能接纳 5 000 TEU 以上的集装箱船舶，有的还拥有或计划建造－20 m 以上的超级深水码头。2018 年全球港口集装箱吞吐量 TOP 20 见表 2 - 8。

表 2 - 8　2018 年全球港口集装箱吞吐量 TOP 20

港口	2018 年集装箱吞吐量/万 TEU	2017 年集装箱吞吐量/万 TEU	增速/%
上海	4 201	4 023	4.42
新加坡	3 660	3 367	8.70
宁波舟山	2 635	2 461	7.07
深圳	2 574	2 521	2.10
广州	2 192	2 037	7.61
釜山	2 159	2 049	5.37

表 2-8(续表)

港口	2018 年集装箱吞吐量/万 TEU	2017 年集装箱吞吐量/万 TEU	增速/%
香港	1 959	2 077	−5.68
青岛	1 930	1 830	5.46
天津	1 600	1 507	6.17
迪拜	1 495	1 540	−2.92
鹿特丹	1 451	1 373	5.68
巴生	1 203	1 198	0.42
安特卫普	1 110	1 045	6.22
厦门	1 070	1 038	3.08
高雄	1 045	1 027	1.75
大连	977	971	0.62
洛杉矶	946	934	1.28
丹戎帕拉帕斯	879	826	6.42
汉堡	873	880	−0.80
林查班	796	778	2.31
资料来源:航运信息网			

(二) 集装箱码头的分类

码头是指供船舶停靠、装卸货物和游客上下船的水工建筑物，是港口的主要组成部分。按结构形式，码头可分为重力式、板桩式、高桩式、斜坡式、墩柱式和浮码头式等；按用途，码头可分为一般件杂货码头、专用码头(渔码头、石油码头、煤炭码头、矿石码头、集装箱码头等)、客运码头、供港内工作船使用的工作船码头以及为修船和造船工作而专设的修船码头、舾装码头等。

集装箱码头是专供集装箱装卸的码头，一般设有专门的装卸、运输设备，集运、贮存集装箱的宽阔堆场，以及供货物分类和拆装集装箱用的集装箱货运站。由于集装箱可以将各种繁杂的件货和包装杂货组成规格化的统一体，因此可以采用大型、专门的设备进行装卸、运输，以保证货物的装卸、运输质量，提高码头的装卸效率。不同等级港口集装箱码头泊位的主要技术参数和装卸工艺见表 2-9。

表 2-9　不同等级港口集装箱码头泊位的主要技术参数和装卸工艺

港口等级	靠泊能力		码头尺度			集装箱装卸桥		泊位年通过能力/万 TEU	装卸工艺
	载质量/万 t	满载箱量/TEU	泊位长度/m	水深/m	陆域纵深/m	数量/台	等级		
支线喂给港	1	≤830	160～180	9.0	400	1～2	小型	20～25	正面吊、RTG

表 2-9(续表)

港口等级	靠泊能力		码头尺度			集装箱装卸桥		泊位年通过能力/万 TEU	装卸工艺
	载质量/万 t	满载箱量/TEU	泊位长度/m	水深/m	陆域纵深/m	数量/台	等级		
沿海及近洋干线港	2	1 900	200～220	12.0	500	2	中型	25～30	RTG、跨运车
远洋干线港	3	3 100	270～300	13.0	600	2～3		30～35	
国际枢纽港	5	4 600	320～350	14.5	800	3～4	巴拿马型	35～40	RTG、RMG、跨运车
	7	6 000	330～360	15.5	800	4	超巴拿马型	40～50	
	10	8 200	380～410	16.0	900	4～5		50～60	
国际航运中心	15	12 500	410～440	17.0～18.0	1 000	5～6	苏伊士型	60～90	RMG、AVGS、自动控制
	20	18 000	430～460	20.0～23.0	1 000	6～7	马六甲型	80～100	

注:RTG 指的是轮胎式龙门起重机,RMG 指的是轨道式龙门起重机,AVGS 指的是自动导引车系统

二、集装箱码头的布局

集装箱码头的高度机械化和高效率的大规模生产方式,要求集装箱码头同船舶共同形成一个不可分割的有机整体,从而保证高度严密的流水作业线高效运转,充分发挥集装箱码头的职能作用。集装箱码头通常应具备的必要设施有泊位、码头前沿、集装箱堆场、货运站、控制室、行政楼、检查口、维修车间等。厦门海沧新海达集装箱码头平面布置见图 2-18。

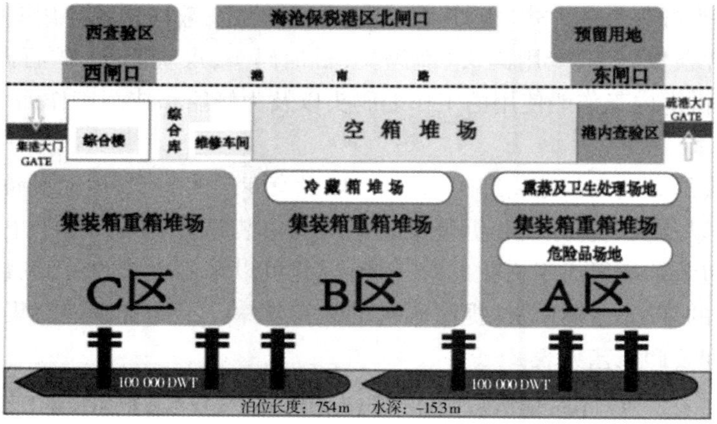

图 2-18 厦门海沧新海达集装箱码头平面布置

(一) 泊位

泊位(Berth)是指在码头内,供船舶停靠的岸壁线与对应水域构成的区域。泊位的长度

和水深，根据港口类型、码头种类及其需停靠船舶的种类与大小的不同而不同。随着集装箱船舶大型化的发展，集装箱码头泊位长度和水深也不断加大加深。目前世界上全集装箱船舶专用码头泊位的长度一般为 300 m 以上，泊位水深在－11 m 以上。船舶停靠时所需的系船设施构成泊位的岸壁，包括系缆桩、碰垫木（橡胶墩）等。船舶靠离泊时，所需的岸壁线的有效长度一般为船舶长度的 1.2 倍。

（二）码头前沿

码头前沿（Apron）是指沿码头岸壁线，从泊位岸壁到堆场（防汛墙）之间的码头区域。由于码头前沿装有集装箱桥吊（Quay Crane，QC），又是进出口集装箱进行换装的主要地点，因此其宽度根据集装箱桥吊的跨距和装卸工艺的种类而定，一般由以下 3 个部分构成：①从岸壁线到集装箱桥吊第一条轨道（海侧）的距离，一般为 2～3 m；②桥吊的轨道间（海侧到陆侧）的距离，一般为 15～30 m；③从桥吊第二条轨道（陆侧）到堆场前（防汛墙）的距离，一般为 10～25 m。

从上述构成可以看出，集装箱码头前沿宽度一般为 30～60 m。集装箱码头前沿除安装集装箱桥吊和铺有桥吊轨道外，一般还备有高压和低压电箱、船用电话接口、桥吊电缆沟、供水设施和灯塔等设施。码头前沿应始终保持畅通，其宽度要在满足堆放船舶舱盖板的同时，保证足够的陆运机械用通道，以确保集装箱桥吊作业的效率。

（三）集装箱堆场

集装箱堆场（Container Yard，CY）是指集装箱码头内，所有堆存集装箱的场地，由前方堆场和后方堆场 2 个部分组成，见图 2－19。这 2 种堆场的地面上，都画有以一个 20 英尺集装箱箱底为标准大小的存放集装箱的长方形格子，通常称之为场箱位（Slot）。每个箱区的两端，都有对应的编号，通常称之为箱区号（Yard Area Number）。堆存在堆场上的集装箱，其位置都有唯一编码标识，通常称之为场箱位号（Yard Number）。场箱位号由分别代表箱区号、行号、列号和层号的六位或七位代码共同组成，又称箱位号。

图 **2－19**　集装箱堆场

1. 前方堆场

前方堆场(Marshalling Yard)又称出口箱区、临时堆场、编排堆场、调度堆场、过渡堆场和缓冲堆场，是指位于码头前沿和后方堆场之间，为加快船舶装卸作业效率，用以堆放集装箱的场地。其主要作用是：船到港前，预先堆放将装船出口的集装箱；卸船时，临时堆存卸船的进口的集装箱。前方堆场面积占堆场总面积的比例较大，视集装箱码头所采用的装卸工艺系统以及集装箱堆放的层数而定。

2. 后方堆场

后方堆场(Back-up Yard)是指贮存和保管空、重箱的场地，是码头堆场中除前方堆场以外的部分，包括中转箱堆场、进口重箱堆场、空箱堆场、冷藏箱堆场、危险品箱堆场等。其中，空箱堆场是指专门办理空箱收集、保管、堆存或交接的场地，专为集装箱装卸区或转运站堆场不足而设立。空箱堆场不办理重箱或货物交接，可以单独经营，也可以在区外另设。

事实上，后方堆场同前方堆场并没有严格明显的分界线，仅仅是地理位置上的相对概念。在实际业务中，人们通常将出口箱放在码头堆场的前方，中间放中转箱，而将进口箱、冷藏箱、危险品箱、空箱放在码头堆场的后方。在码头计算机系统很完善的条件下，特别是在应用无线终端(Radio Data Transport，RDT)设备，实现堆场管理实时控制(Real-time Control)的码头，在堆场功能划分上，采用更灵活的方式，甚至于进出口箱混堆，仅将重箱放于靠前堆场，空箱放于靠后堆场。

(四) 集装箱货运站

集装箱货运站(Container Freight Station，CFS)主要是为拼箱货进行装箱和拆箱作业，并对货物进行贮存、防护和收发交接的作业场所，俗称仓库。同传统仓库不同，集装箱货运站是一个主要用于装、拆箱作业的场所，而不是主要用于保管货物的场所。

集装箱货运站一般建于码头后方，侧面靠近码头外公路或铁路的区域，尽可能保证陆运车辆不必进出码头堆场，而直接进出货运站。

近年来，随着集装箱化的发展，竞争促使市场细分不断深入，专业化分工也不断发展。在一些大型集装箱港口，随着集装箱码头吞吐量的增加，船公司开始将空箱集中到指定的码头外堆场进行专业化管理，同时也出现专业化的进口拆箱分拨和出口装箱的码头外货运站，形成将码头内货运站和空箱堆场移至码头外的趋势。通常，这种码头以外的堆场和货运站称之为内陆场站。

(五) 控制室

控制室(Control Tower)又称控制中心、中心控制室、控制塔、指挥塔(室)，是集装箱码头各项作业的指挥调度中心，一般设置在码头操作或办公楼的最高层，可以看到整个码头上各作业现场的具体情况，见图 2-20。其作用是充分发挥码头各生产要素资源的作用，监督、调整和指挥集装箱码头各项作业计划的执行。控制室内装有电子计算机系统、测风仪及气象预报系统，并配有用于指挥码头现场作业的无线对讲机(VHF)，用于监控码头作业现场的闭路电视(CCTV)和望远镜，以及用于对内对外联系的电话、传真机等设备，是码头现场作业的中枢机构。

图 2-20　集装箱码头控制室

(六) 检查口

检查口(Gate House)俗称道口,又称检查桥、闸口、大门等,是集装箱码头的出入口、集装箱和集装箱货的交接点,也是区分码头内外责任的分界点,见图 2-21。由于检查口是集装箱进出码头的必经之口,因此在检查口处不但要检查集装箱的有关单证,而且还要办理集装箱和货物好坏的责任交接,检查有关箱号、铅封号、集装箱箱体和货物的外表状况等。检查口一般设置在集装箱码头的后方,出于保证码头机械、船舶积载安全性以及海关监管的需要,设有地磅、计算机、IC 卡机、收放栏杆和箱号自动识别系统等设备。

图 2-21　集装箱码头道口

以上是集装箱码头的主要设施。除此以外,还有维修车间、供码头行政职能部室办公用码头行政楼,以及电力、通信、食堂、计算机房、油库、给排水、照明、道路等辅助设施。

技能训练

根据所学的集装箱码头相关知识，指出图 2－22 中数字表示的集装箱码头布局构成部分的名称。

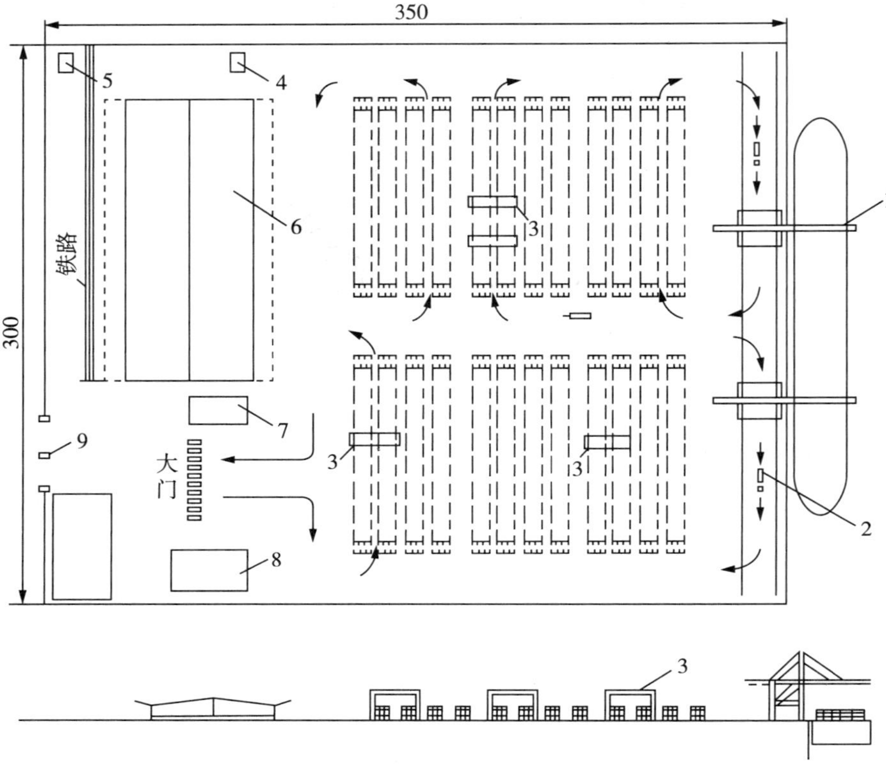

图 **2－22**　集装箱码头布局

复习提高

一、选择题

1. 港口一般由(　　)两大部分组成。

   A. 水域和海域　　B. 水域和空域　　C. 空域和海域　　D. 水域和陆域

2. 在集装箱出口货运业务中，当是拼箱货时，来提取空箱的是(　　)。

   A. 托运人　　B. 有船承运人　　C. 收货人　　D. 集装箱货运站

3. 集装箱码头作业的指挥中心是(　　)。

   A. 控制塔　　B. 大门　　C. 堆场　　D. 码头前沿

4. 下列关于集装箱码头功能描述正确的有(　　)。

   A. 集装箱码头是海运与陆运的连接点，是海陆多式联运的枢纽

B. 集装箱码头是换装转运的中心

C. 集装箱码头是物流链中的重要环节

D. 集装箱码头是城市对外经济的窗口

二、简答题

1. 集装箱码头的特点是什么？
2. 简述集装箱码头的布局。
3. 简述不同等级港口集装箱码头泊位的主要技术参数和装卸工艺。

任务四 集装箱航线网络

任务导入

在 ABC 贸易公司工作的 Linda 爸爸，了解到 Linda 对集装箱运输非常有兴趣，正好公司有 5 批货物要通过集装箱运送到国外，目的港分别为汉堡、悉尼、横滨、纽约和洛杉矶，要求 Linda 给出具体的集装箱海运航线。

任务目标

1. 集装箱运输航线的特点和选择。
2. 集装箱运输航线的设计。

知识链接

自 1966 年 4 月美国海陆公司的“费尔兰德”号(Fairland)全集装箱船开辟北大西洋国际集装箱船航线至今，国际海上集装箱船舶运输航线已经有 50 多年的历史。由于国际集装箱运输的迅速发展，世界上主要的集装箱运输航线已达 30 多条，既有干线运输航线(如世界著名的三大集装箱航线：远东—北美航线，远东—欧洲、地中海航线，北美—欧洲、地中海航线)，又有喂给服务的支线航线、环球运输的环球航线，以及与之相关的陆桥运输等，共同形成集装箱海运航线网络。

一、集装箱运输航线的特点

世界上第一条集装箱航线是纽约—休斯敦航线，是 1956 年 4 月 26 日美国泛大西洋轮船公司开辟的，随后集装箱航线在世界四大工业区之间陆续开通，目前集装箱航线已遍布世界各地。集装箱班轮航线的定义：船舶在两个和多个(基本是固定的)港口之间从事有规律的集装箱运输的具体线路。从集装箱运输航线的产生、发展来看，其具有以下特点：

(一) 船期准

集装箱船在码头作业受天气影响小，装卸效率和航速高，所以较之传统件杂货班轮船期准，班期固定，从初一、十五的形式发展到现在的周班，甚至有船公司能将集装箱班轮的船期精确到小时，即每周固定时间到港、开船。2018 年 5 月全球 15 大船公司船期准班率见图 2 - 23。

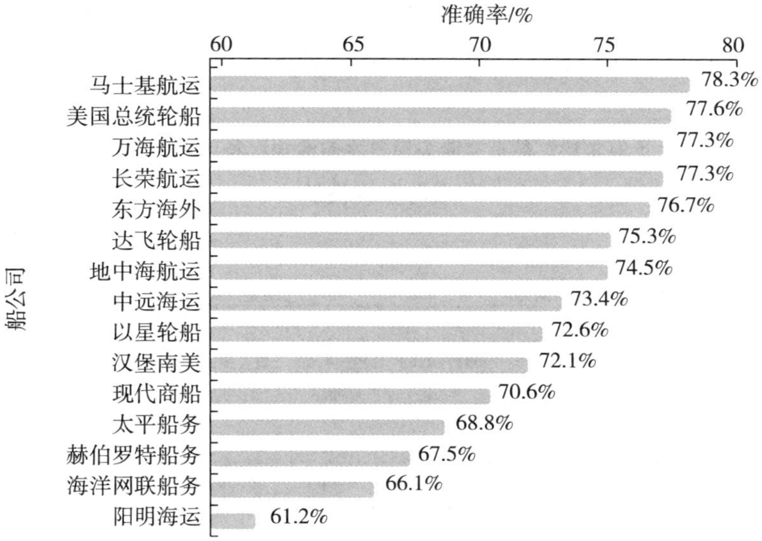

图 **2 - 23**　**2018** 年 **5** 月全球 **15** 大船公司船期准班率

（二）挂靠港少

集装箱运输要求货物在途时间短，这样集装箱船的靠港就要少。东亚到欧洲一般只靠 6～7 个港口，长距离的干线船如挂港多、时间长就没有优势和竞争力，就难以揽到货，集装箱出现前采用的航线模式主要是逐港挂靠模式，集装箱化后的航线模式就变成干支线结合的航线网络，见图 2 - 24。

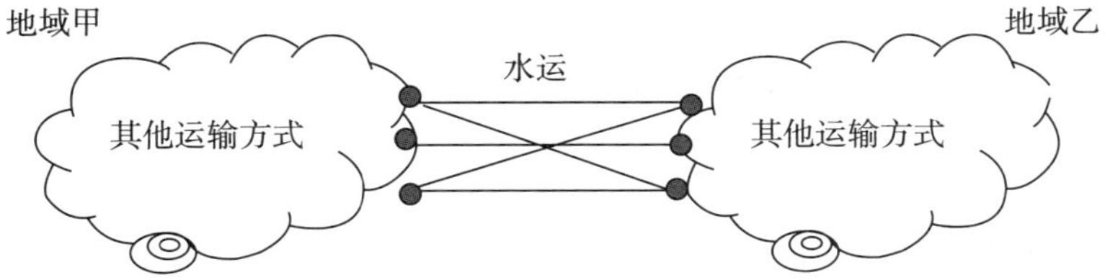

a）集装箱化运输前

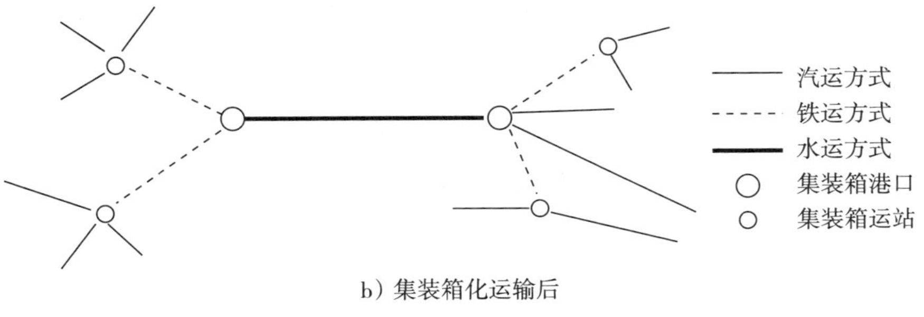

b）集装箱化运输后

图 **2 - 24**　海运航线网络的变迁

(三) 船舶艘数少

相对传统件杂货船，集装箱船在一条航线上布置的船舶数量要少很多。图 2－25 为 2010 年 12 月上海市锦江航运有限公司开辟的日本名古屋和清水的集装箱周班轮航线，只需要一艘全集装箱船“秋锦”号。

上海市锦江航运有限公司日本航线2010年12月船期表

东海穿梭快航

编号:10-CQ-A-17

每周二/上海至名古屋、清水周班　　上海靠：SCT张华浜码头/SMCT外高桥六期

船名	航次	上海开	名古屋		清水		上海到
Vessel Name	Voyage	Dep Sha' 周二08:00	Arr Ngo 周四20:00	Dep Ngo 周五04:00	Arr Smz 周五15:00	Dep Smz 周五21:00	Arr Sha' 周一08:00
Qiu Jin 秋锦	1050E/W	7-Dec	9-Dec	10-Dec	10-Dec	10-Dec	13-Dec
Qiu Jin 秋锦	1051E/W	14-Dec	16-Dec	17-Dec	17-Dec	17-Dec	20-Dec
Qiu Jin 秋锦	1052E/W	21-Dec	23-Dec	24-Dec	24-Dec	24-Dec	27-Dec
Qiu Jin 秋锦	1053E/W	28-Dec	30-Dec	31-Dec	取 消		3-Jan

图 2－25　锦江航运单船周班航线

(四) 船型一致

船型一致是班期固定、船期准的前提，因此各船公司在同一航线上所配备的集装箱船在箱位能力、航速和船上设备等方面都比较一致，或是同一类型的姊妹船。

二、集装箱干线航线

目前，世界主要集装箱航运地区有远东、西欧和北美，这 3 个地区货运量大，消费水平高，适于集装箱运输的货源充足，联结这 3 个地区的集装箱航线便成为全球海上集装箱航运干线。

(一) 北太平洋航线

北太平洋航线由远东—北美太平洋沿岸航线和远东—北美大西洋沿岸航线组成。北太平洋航线除承担太平洋沿岸附近地区货物运输外，还连接北美大西洋沿岸、墨西哥湾沿岸各港及通往美国中西部的内陆联合运输，是目前世界上最繁忙的航线。其主要港口有：亚太地区的东京、横滨、名古屋、神户、大阪、釜山、仁川、大连、天津、青岛、上海、香港、高雄、基隆、新加坡；北美太平洋沿岸的洛杉矶、长滩、旧金山、西雅图、波特兰和温哥华；北美东岸(包括墨西哥湾沿岸)的休斯敦、新奥尔良、坦帕、杰克森维尔、诺福克、费城、纽约、波士顿、哈利法克斯、圣约翰等。

(二) 北大西洋航线

北大西洋航线以美国东岸为中心，由北美东岸、五大湖—西北欧、地中海之间的航线组

成，开展对西北欧、地中海及澳大利亚地区（经印度洋）的集装箱运输。其在欧洲一端主要港口有汉堡、鹿特丹、安特卫普、勒阿弗尔、南安普敦等。

（三）印度洋航线

印度洋航线即远东—欧洲航线，除联系远东和欧洲各港外，还把非洲地区、地中海、中东、澳新等地联结起来。

除上述三大集装箱航线外，集装箱干线航线还有远东—澳新航线、澳新—北美航线以及欧洲、地中海—西非、南非航线。以上 6 条集装箱干线联结着世界主要贸易区，构成世界海上集装箱运输网络的骨架，其与分布于全球各地的集装箱运输支线一起构成覆盖全球的集装箱运输网。

拓展知识

根据 2008 年、2015 年全球集装箱航线海运量占比（表 2 - 10），讨论世界集装箱航线的变化情况。

表 2 - 10　2008 年、2015 年全球集装箱航线海运量占比

航线		2008 年占比/%	2015 年占比/%	航线		2008 年占比/%	2015 年占比/%
主干东西航线	远东—北美洲	15.2	12.7	南北航线	拉丁美洲—远东	3.2	3.5
	欧洲—远东	14.3	12.4		拉丁美洲—北美洲	2.9	2.0
	北美洲—欧洲	4.8	3.9		拉丁美洲—欧洲	2.2	2.0
非主干东西航线	中东/印度—远东	5.3	7.1		非洲—远东	2.6	3.1
	中东/印度—北美洲	1.3	1.3		非洲—北美洲	0.4	0.3
	中东/印度—欧洲	4.2	4.7		非洲—欧洲	1.4	1.9
区域内航线	远东区域内	24.6	28.2		大洋洲—远东	2.4	2.8
	其他区域内	13.6	12.0		大洋洲—北美洲	0.4	0.3
					大洋洲—欧洲	0.5	0.5

三、支线运输

支线运输是指用小型集装箱船，在内河、沿海等地小港口之间以及与集装箱枢纽港之间载运集装箱的短程运输方式。集装箱支线运输起到集装箱集散运输的作用，可节约港口投资和开支，保证干线运输有充足的货源，可减少大型船舶的挂港次数，节省运输时间。因此，在全球集装箱化的进程中，发展支线运输网络，建设配套的支线船队也是极为重要的环节。

四、环球航线

环球运输类似于干线运输，即用大型集装箱船舶，在集装箱枢纽港之间载运集装箱的环绕地球运输方式。环球航线分东行线和西行线两条航线，都从东亚开始出发。其中，西行线为太平洋—印度洋—苏伊士运河—地中海—大西洋—巴拿马运河—太平洋，东行线则反向而行。每隔 7 天对开一班，航次时间为 80 天。

五、陆桥运输

陆桥运输是指一种利用横跨大陆的铁路，将海与海连接起来的一种集装箱运输方式，也是多式联运中的一种方式。陆桥运输的主要优点在于缩短运输距离，节省运输时间，因而具有较大的吸引力。大陆桥运输起始于 20 世纪 50 年代初期。世界著名的陆桥运输线有北美大陆桥、北美小陆桥、北美微陆桥、西伯利亚大陆桥、新亚欧大陆桥、南亚大陆桥和南美大陆桥等。

技能训练

阅读下面的新闻，讨论分析深圳集装箱港区的划分，并找出深圳到世界各国的主要集装箱航线。

2011 年 5 月 18 日，全国单一港区集装箱吞吐量最大的盐田港区，集装箱航线突破 100 条，创下盐田港区开港以来集装箱航线的历史新高，彻底走出金融危机时期 81 条航线的低谷。这是大鹏海关 2011 年 5 月 17 日向媒体透露的。

目前，已有马士基、长荣、韩进、川崎、中远等 30 多家全球知名的船公司在盐田港区开辟航线。其中，北美洲航线 35 条，欧洲航线 33 条，亚洲航线 13 条，中东航线 5 条，南美航线 2 条，非洲航线 4 条，中美洲航线 1 条，澳洲航线 3 条，港澳和内支航线 6 条。

大鹏海关有关负责人透露，海关在盐田港区率先推行分类通关改革，对诚信守法企业的低风险报关单实施计算机自动审核、自动放行，与传统的海关关员人工审核纸面单证进行放行相比，海关单证作业速度提高一倍，平均作业时间缩短至 3～4 min，降低企业的通关成本。

据统计，2011 年前 4 个月，盐田港区进出口集装箱量达到 300.54 万 TEU，进出境船舶达到 5 542 艘次，同比分别增长 5.5%和 24.0%。

（资料来源：人民网）

复习提高

一、判断题

1. 远东—北美东海岸航线需要经过巴拿马运河。（　　）

2. 美国东海岸—欧洲航线需要经过巴拿马运河。( )
3. 上海—新西兰航线属于近洋航线。( )
4. 上海—波斯湾航线属于近洋航线。( )
5. 远东—新澳航线属于三大集装箱班轮航线。( )

二、选择题

1. 20 万 t 大型油船从海湾地区向西北欧运送石油的必经的地区是( )。
   A. 苏伊士运河 B. 地中海 C. 好望角 D. 太平洋
2. 伊朗—仁川的航线不经过( )海域。
   A. 波斯湾 B. 地中海 C. 印度洋 D. 太平洋
3. 从日本港口出发,到海法的航线为( )。
   A. 远东—地中海航线 B. 远东—南美航线
   C. 远东—加勒比航线 D. 远东—北美西航线

三、操作题

2004 年,象屿码头开通厦门港首条国际海运环球航线。这不仅意味着厦门港开始跻身世界航运接力赛,被世界知名船公司同时看好,还意味着厦门港在高平台上实现新跨越,找到新的经济增长点。该环球航线船舶从厦门港出发后,依次挂靠港口为赤湾、新加坡、巴生、迪拜、印度(共 3 个港口)、斯里兰卡、科伦坡,经苏伊士运河到安特卫普、鹿特丹、汉堡、纽约,经巴拿马运河靠泊洛杉矶,到达上海、宁波后回到厦门,前后共有 23 个港口。航线经过太平洋、印度洋和大西洋。请在世界地图上找出该条航线。

任务五 集装箱货物及装载

任务导入

海上运输的货物品种繁多,性质及规格各不相同。如何根据货物自然特性和运输保管要求,对货物进行正确安全的装载、运输和保管呢?哪些货物适合海运?哪些货物适合集装箱装载?下面我们和 Linda 一起学习集装箱货物的分类和典型货物的装箱方法。

任务目标

1. 了解集装箱货物的分类。
2. 掌握各类货物的装箱操作。
3. 掌握典型货物装箱操作的注意事项。

知识链接

一、集装箱货物的概念

集装箱运输的对象是货物。货物通常是指物流过程中运输、仓储部门承运、保管的各种原料、材料、工农业产品、商品以及其他产品或物品的总称。此外,货物的组成除货物本身之外,还包括货物的有形附加物,如货物名称、货物包装及其标志、质量和安全及卫生标志、环境(绿色或生态)标志、货物使用说明标签或标识、检验合格证、使用说明书等。货物的种类繁多,批量不一,性质及包装形式各异。集装箱运输的出现改变传统件杂货运输的货运单位,从而有效地克服传统运输方式所存在的缺陷,但不是所有的货物都可以成为集装箱货物。

集装箱货物是指以集装箱为单元积载而投入运输的货物。集装箱货物通常具有 2 个基本特点:①能较好地利用集装箱载货质量和(或)载货容积;②价格较高,能够承受集装箱运输较高的运价。

二、集装箱货物分类

运输实践中所涉及的货物，种类繁多，形态和性质各异，对运输、装卸及保管的要求也各不相同，因此有必要对货物进行科学的分类，从而在工作中尽可能使货物的运输条件适应货物，保证货物运输安全和提高运输效率。

目前利用集装箱载运的货物已有很多种，但是集装箱并不是一种可以用来载运所有种类货物的运输设备。适合集装箱运输的是货价较高、具有承担较高运费能力或者根据货物特性适宜以及可以进行集装箱运输的货物；不适合集装箱运输的是货价很低或者根据货物特性不应该或不能进行集装箱运输的货物。因此，根据集装箱货物运输的特点，将集装箱货物分为4种类型。

（一）最适合集装箱化的货物

最适合集装箱化的货物具有以下基本特征：①货物的质量、体积、形状以及包装等物理特性都能较好地与集装箱的载货能力（指集装箱的载货质量和载货容积）相适应。②货物本身的价值较高，容易被盗，易于损坏，因而运费也较高。这类货物可以有效地装载于特定的集装箱内进行运输。也就是说，用集装箱载运这类货物，既能够充分发挥集装箱的装载能力，又能获得较高的经济效益。属于这类货物的有手表、照相机、电视机、收音机、精密仪器、小型电器以及医药品、针织品等。

（二）适合集装箱化的货物

适合集装箱化的货物本身价值并不很高，从物理特性来看，这类货物也能较好地利用集装箱装载能力，且海上运费比最适合集装箱化的货物要低。但从运费的承受能力和性质特点来看，其是适宜集装箱运输的货物。属于这类货物的有电线、电缆、袋装面粉、袋装咖啡、生皮、炭精、金属制品等。

（三）边缘集装箱化的货物

边缘集装箱化的货物也称临界集装箱化的货物。这类货物从技术上看是可以装箱的，但由于价格低廉，运费便宜，从经济角度看是不利的。这类货物在包装方面均难以进行集装箱化。属于这类货物的有钢锭、铅锭、生铁块、原木、砖瓦等，一般不会受损坏或被盗窃。

（四）不适合集装箱化的货物

不适合集装箱化的货物，主要是因为货物的物理形态不能装于集装箱内，或者因为经济上的原因不应该或不能使用集装箱进行装载。根据《关于发展我国集装箱运输若干问题的规定》，适合用集装箱进行运输的货物有12个品类，即交电、仪器、小型机械、玻璃陶瓷、工艺品、印刷品及纸张、医药、烟酒食品、日用品、化工品、针纺织品和小五金等。不能用集装箱进行运输的货物主要包括：①鲜活类货物。比如活鱼、虾等，因为海运运输相对其他运输方式时间较长，鲜活类货物在运输过程中容易变质。②货物质量超过集装箱最大承重，不能通过集装箱海运。③特大尺寸的货物不能使用集装箱海运，只能通过件杂货船放在船舱或者甲板上来运输。④集装箱不办理军事运输。部队或军工企业办理集装箱海运运输的，按商运办理。军事运输使用自备集装箱的，不再按集装箱运输条件办理。

三、货物装箱一般原则

集装箱货物装箱是一件既需要技术又需要经验的工作。要使箱内的货物经得起海上风浪的颠簸和起重设备在装卸中的冲击，箱内货物不但要堆垛合理，还必须进行必要的固定。不同的货物装箱方法不同，且无统一的标准，但装箱必须遵循一般的规律和原则，见表2-11。

表2-11　集装箱货物装箱的一般原则

原则	操作要点	作用
合理分配质量	应使货物质量在箱底上平均分布，货物在箱内达到平衡	避免负荷集中造成箱底损坏，以及集装箱重心偏移造成事故
必要衬垫	根据货物包装的强度决定衬垫的应用和衬垫材料的选择。若货物采用叠装，则衬垫不能压坏下面的货物	使集装箱负荷分布均匀，防止装在下面的货物压坏固定商品，确保商品在运输过程中不致移动起到缓冲作用，减少外界冲击对内包装物品的破坏
缓冲填塞	在货物与货物之间、货物与集装箱之间插入木板、木框、缓冲垫等填塞物，起到缓冲作用	防止货物破损、湿损、污损，填补货物之间、货物与箱壁之间的空隙
合理固定	支撑——用方形木条等支柱使货物固定； 塞紧——货物之间、货物与集装箱侧壁之间用方木等支柱在水平方向加以固定，或者插入填塞物、缓冲垫、楔子等防止货物移动； 系紧——用绳索、带子等索具或用网具等捆绑货物	货物与货物之间、货物与集装箱侧壁之间如有空隙，在运输过程中会因船体摇摆而使货物移动，造成货物或集装箱损坏

在进行集装箱货物装载时，还应注意：①重货不压轻货；②多种货物混载在同一集装箱内时，应避免货物性质互相抵触而发生事故，严禁危险货物相互混载；③包装不同的货物要分别装载，避免因货物包装互相抵触而发生货损；④要按货物包装上的指示标志进行装载；⑤货物的装箱质量不得超过承运人规定的航线单箱限重规定，以免被拒绝进港，或被承运人收取高额超重运费。

资料卡

集装箱装箱中使用植物性材料的注意事项

集装箱使用的衬垫、固定用方木、托盘等装货器材中的木材、稻草等植物性材料应注意防止昆虫侵害和鼠患的发生。若其属于出口植物检疫对象，则尽量不要使用。此外，还要了解货物目的地所在国的相关动植物检疫法规规定，及时实行防虫、除害处理措施，并取得相关熏蒸消毒证书。

技能训练

阅读下面的材料，完成适用集装箱货物装箱的相关问题。

随着集装箱运输的发展，其优越性逐渐凸显出来，大量的货物采用集装箱进行运输，这些货物种类繁多，在性质、包装形式及强度、单件质量等方面都有很大差异。货物在箱内积载、装箱不当造成货损和装卸机械、运输工具损坏，甚至人身伤亡事故时有发生，为保证货运质量和运输安全，必须根据货物的性质、种类、容积、质量、形状等选择适当的集装箱，同时做好货物在集装箱内的堆装、系固、隔垫等工作。

1. 适载集装箱选择考虑的因素

①货物的性质对集装箱是否有特殊要求。②货物的密度（单位容积质量，kg/m^3）与集装箱的单位容重（集装箱的最大载货质量除以集装箱的容积）是否相符，以便充分利用集装箱的容积和载质量，尽量使集装箱的装载做到满箱满载。③箱容利用率直接影响到集装箱内实际利用的有效容积。在实际装箱中，货物验入集装箱内时，货物与货物之间、货物与集装箱内衬板之间、货物与集装箱顶板之间以及对集装箱内货物必要的加固支撑，都会产生无法利用的空隙。集装箱的箱容利用率一般取 80%，装箱技术好的可以达到 85%以上，而箱包类等货物箱容利用率更高，能达到 90%以上。

资料卡

常见的集装箱的单位容重见表 2－12。

表 2－12　常见的集装箱的单位容重

集装箱种类	额定质量/kg	自重/kg	最大载货质量/kg	集装箱容积/m^3			集装箱单位容重/(kg/m^3)		
				箱容利用率100%	箱容利用率90%	箱容利用率80%	箱容利用率100%	箱容利用率90%	箱容利用率80%
20 英尺干货箱	24 000	2 210	21 790	33.2	29.9	26.6	656.3	729.3	820.4
40 英尺干货箱	30 480	3 650	26 830	67.7	60.9	54.2	396.3	440.3	495.4
20 英尺干货箱	30 480	2 992	27 490	28.0	25.2	22.4	981.8	1 090.9	1 227.2

2. 适载集装箱的选择要点

（1）对集装箱种类的选择。国际标准集装箱有多种不同箱型，包括干货集装箱、开顶集装箱、台架式集装箱、平台集装箱、冷藏集装箱、通风集装箱、绝热集装箱、罐式集装箱、散货集装箱、动物集装箱等，这些不同种类的集装箱是根据不同类型货物及运输的实际要求而设计制造的。通常应根据货物的种类、性质、包装形式和运输要求选择合适的集装箱。表 2－13 列出各类货物适用的集装箱种类。

表 2－13　各类货物适用的集装箱种类

货物分类	集装箱种类
普通货物	干货集装箱、通风集装箱
超尺度和超重货物	开顶集装箱、台架式集装箱、平台集装箱
冷藏货物	冷藏集装箱、通风集装箱、绝热集装箱
散装货物	罐式集装箱、散货集装箱
贵重货物	干货集装箱
动植物	动物集装箱、通风集装箱
危险货物	干货集装箱、台架式集装箱、冷藏集装箱

(2) 对集装箱规格尺寸的选择。国际集装箱的规格尺寸众多。各种规格的集装箱的最大载货质量、容积都有较大的差别。目前国际上使用最多的集装箱规格是 1A(40 英尺×8 英尺× 8 英尺)、1AA(40 英尺×8 英尺×8.5 英尺)、1C(20 英尺×8 英尺×8 英尺)和 1CC(20 英尺× 8 英尺×8.5 英尺)等 4 种，应根据集装箱货物的数量、批量和密度选择不同规格尺寸的集装箱。为充分利用集装箱的容积和装载量，一般需遵守以下原则：在货物数量大时，应尽量选用大规格箱；在货运批量较小时，选用的集装箱规格不宜过大；在货物密度较大(重货)时，选用规格不宜过大；在货物密度较小(轻货)时，应采用规格较大的集装箱。利用货物密度和集装箱的单位容重可以衡量装箱货物是“重货”还是“轻货”。

(3) 对集装箱数量的确定。在具体计算时：若货物是重货，则用货物总质量除以集装箱的最大载货质量，得出该批货物所需集装箱的数量；若货物是轻货，则用货物总体积除以集装箱的有效容积，求得该批货物所需集装箱的数量；若货物密度等于集装箱的单位容重，则无论按质量计还是容积计，均可求得需要集装箱的数量。在实际工作中，除考虑集装箱的容积和载质量是否可以容纳下所托运的货物外，还要考虑尽可能地节约运费。通常在船公司确定的运价表中，一个 40 英尺箱的运费是 20 英尺箱的 1.7 倍，因此若货物装一个 20 英尺箱不行，而使用两个 20 英尺箱或一个 40 英尺箱都可以装下，则应首先选择使用一个 40 英尺箱。

3. 适用集装箱选择实例

某日用品公司出口一批金属制品，需从福州运往荷兰鹿特丹。货主提供的资料显示，货物数量为 935 箱(CTNS)，毛重 9 334.6 kg。该批货物总共 59.66 m^3。试回答以下问题：①该批货物是否是适箱货物；②应选择的集装箱种类是什么；③应选择的集装箱规格尺寸多大；④选用集装箱的数量是多少。

复习提高

一、选择题

1. 在集装箱货物装载时，除对货物进行必要的质量分配、衬垫、固定以外，下列哪项不是集装箱装箱规范。(　　)

A. 重货不能压轻货

B. 不同货物混装时，货物之间的性质不能有抵触

C. 要按货物包装上的指示标志进行装载

D. 箱内装载的质量不得超过货物包装规定的质量

2. 纸箱一般不用于下列哪种货物的包装。(　　)

A. 冷冻猪腿肉　　B. 铁钉　　C. 服装　　D. 瓶装饮料

3. 下列哪种货物不适合使用捆包装方式进行运输。(　　)

A. 布匹　　B. 钢管　　C. 废旧纺织品　　D. 瓶装货物

二、操作题

1. 有一批规格相同的箱装货物是用波纹纸板箱包装的冰柜，共 1 000 箱，单箱货物体积为 1 m^3，单箱质量为 98 kg，箱容利用率为 90%容重。要求：①计算货物密度；②根据货物密度选用集装箱箱型；③计算该类型集装箱的最大货物装载量；④计算所需的集装箱箱数(保留整数)。

三、简答题

1. 集装箱适箱货物有哪几种？分别举例说明。

2. 集装箱装箱过程中出现货损、货差应该由谁来负责？

任务六 集装箱运输相关企业

任务导入

某公司出口货物从上海港至美国纽约，请和 Linda 一起完成下列相关问题：①分析该航线各船公司的优劣，从成本、服务等方面综合考虑，选择你认为合适的船公司；②货物全程运输将经过哪些节点；③发货人是否一定要亲自去船公司订舱；④货物全程运输有哪些相关企业。

任务目标

1. 了解集装箱运输的主要关系人。
2. 掌握集装箱运输相关当事人的职责。

知识链接

一、集装箱运输系统的主要企业

随着集装箱运输的发展、成熟，与之相适应的，有别于传统运输方式的管理方法和工作机构也相应地发展起来，形成一套适应集装箱运输特点的运输体系。这个系统需要货物买卖合同的卖方和买方、集装箱运输实际承运人、船舶代理人、货运代理人、无船承运人、集装箱码头公司、集装箱堆场、货运站、理货公司、口岸监管部门（海关、商检、卫检、动植物检、海事）以及银行、保险公司等共同参与和积极配合，才能保证集装箱运输工作的顺利开展。

（一）货主

货主是指专门经营进出口货物业务的国际贸易商，或有进出口权的公司以及企业，是货物买卖合同的当事人，即买方和卖方。货主为履行货物买卖合同而必须组织办理进出口货物的运输，是国际货物运输中的托运人或收货人。

货物买卖合同条款中规定买卖双方当事人的权利和义务。依据《国际贸易术语通则》，国际贸易术语中用于传统海运的常用价格术语有 FOB、CFR、CIF。按照货物买卖合同要求，在 CFR 或 CIF 价格条款成交时，卖方必须支付将货物运至指定目的港所需的运费，根据 CIF 价格条款还需支付保险费，这时卖方就以托运人的身份与承运人签订运输合同；在 FOB 价格条款成交时，卖方在约定的装运港将货物交到买方指定的船上，这时买方就以托运人的身份与承运人签订运输合同。

（二）集装箱实际承运人

集装箱实际承运人包括经营集装箱运输的船公司、联营公司、公路集装箱运输公司、航空集装箱运输公司等。Alphaliner 最新运力数据（表 2－14）显示：全球班轮公司运力 100 强中排名前 3 的仍然是马士基航运、地中海航运、中远海运集团，总运力占整个市场的 46.1%，全球总营运班轮船舶为 6 137 艘、23 426 818 TEU；第 4～10 名依次为达飞轮船、赫伯罗特船务、海洋网联船务、长荣海运、阳明海运、太平船务和现代商船。

表 2－14　全球班轮公司运力排名 TOP10(截至 2019 年 9 月 26 日)

船公司	自有		租赁		新订单	
	标箱量/TEU	船舶/艘	标箱量/TEU	船舶/艘	标箱量/TEU	船舶/艘
马士基航运	2 352 769	316	1 842 005	393	42 670	18
地中海航运	1 047 480	178	2 609 792	383	190 352	11
中远海运集团	1 564 273	176	1 398 179	304	5 250	3
达飞轮船	1 007 460	127	1 680 536	384	413 714	28
赫伯罗特船务	1 052 321	112	636 075	121		
海洋网联船务	541 934	74	1 037 934	144		
长荣海运	571 878	113	731 542	93	563 674	67
阳明海运	192 497	42	451 688	56	198 100	24
太平船务	160 498	70	233 000	50		
现代商船	129 439	14	262 875	50	396 000	20

（三）集装箱码头(堆场)经营人

集装箱码头（堆场）经营人是具体办理集装箱在码头的装卸、交接、保管的部门，它受托运人或其代理人及承运人或其代理人的委托提供各种集装箱运输服务。

资料卡

集装箱内陆无水港

集装箱内陆无水港是指在内陆地区建立的具有报关、报验、签发提单等港口服务功能的物流中心。在无水港内设置有海关、动植物检疫、商检、卫检等监督机构为客户提供通关服务。同时,货代、船代和船公司也在无水港内设立分支机构,以便收货、还箱、签发以当地为起运港或终点港的多式联运提单。内陆的进出口商则可以在当地完成订舱、报关、报检等手续,将货物交给货代或船公司。

无水港不临江海、没有船舶,货物是在无水港内"一站式"完成订舱、报关、报验、签发提单等一切通关手续的,相当于将海港搬到内陆,然后通过海陆联运的方式将货物运送到沿海港口,集装箱就可以直接装船出海。因为省略一系列复杂环节,故大大减少运输时间和降低物流成本。

(四) 船舶代理人

船舶代理人是指船舶代理公司(简称船代),是接受船舶所有人、船舶经营人或者船舶承租人的委托,为船舶所有人、船舶经营人或者船舶承租人的船舶及其所载货物或集装箱提供办理船舶进出港口手续、安排港口作业、接受订舱、代签提单、代收运费等服务,并依据法律规定设立的船舶运输辅助企业。由于国际船舶代理行业具有独特的性质,所以各国在国际船舶代理行业大多制定比较特别的规定。经营国际船舶代理业务,应当向国务院交通主管部门提出申请,取得国际船舶代理经营资格登记证才能经营国际船舶代理业务。

(五) 国际海上货运代理人

随着国际贸易及运输方式,特别是国际集装箱多式联运的发展,运送货物所涉及的面越来越广,情况相当复杂。货主和运输经营人不可能亲自办理和处理每一项具体业务,而通过国际海上货运代理人便能解决以上问题。

国际海上货运代理人(简称货代),是指接受货主的委托,代表货主的利益,以货主的名义或者以自己的名义为货主办理有关国际海上货物运输相关事宜,并依据法律规定设立的提供国际海上货物运输代理服务的企业。国际海上货运代理人除可以从货主处获得代理服务报酬外,因其为班轮公司提供货载,所以还可从班轮公司处获得奖励,即佣金。

国际海上货运代理人的主要业务有订舱、揽货、货物装卸业务办理、报关、理货、拆装集装箱代理、货物保险等。

(六) 无船承运人

无船承运人也称无船公共承运人,是指以承运人身份接受托运人的货载,签发自己的提单或者其他运输单证,向托运人收取运费,通过集装箱班轮运输公司完成国际海上货物运输,承担承运人责任,并依据法律规定设立的提供国际海上货物运输服务的企业。无船承运人可以与班轮公司订立协议运价,从中获得运费差额,但是无船承运人不能从班轮公司处获得佣金。无船承运人是随着集装箱运输的发展而出现的一种新型的运输经营人,其在承运人与托运人之间起着桥梁作用。

无船承运人具有双重身份:对货主(托运人或收货人)而言,其为承运人;而对集装箱班轮公司而言,其为托运人。这时将无船承运人称为契约承运人,而将班轮公司称为实际承运人。

根据《中华人民共和国国际海运条例》的规定，国际货运代理企业在满足市场准入条件后，可以向交通运输部登记申请在中国境内经营无船承运业务，成为无船承运人，但应当在中国境内依法设立企业法人，办理提单登记，缴纳保证金，并且有自己的运价本。无船承运人的业务内容见表 2－15。

表 2－15　无船承运人的业务内容

序号	业务项目	服务内容	角色
1	签发提单	作为承运人签发货运提单，并对提单货物担负运输责任	契约承运人
2	承办订舱业务	根据托运人的要求和货物的具体情况，向船公司洽订舱位	托运人的代理人
3	承办货物交接	在指定的地点接受货物并转交承运人或其他人。在交接货物的过程中为货主办理货物的检验、报关等手续	托运人的代理人
4	代办储存业务	为需要储存的货物选择仓库，办理储存、出库等手续	托运人的代理人

（七）口岸监管部门

口岸监管部门包括海关、商品检验机关、边境卫生检验机关、动植物检验机关、海事局和边防检查机关等。

（八）集装箱进出口货运的服务部门

集装箱进出口货运的服务部门主要有理货公司、专业银行和保险公司。

（九）集装箱出租公司

集装箱租赁即集装箱所有人将空箱租给使用人的一项业务。集装箱租赁业务当事人包括租箱公司和租箱人，其中：租箱公司即集装箱出租人，实际上就是出资购买租赁标的物的集装箱所有人；租箱人即集装箱承租人，是支付租金，享有租赁标的物使用权的人，一般是集装箱班轮公司或货主。出租方和承租方签订租赁合同，约定出租人提供合格的集装箱交由承租人在约定范围内使用。集装箱租赁方式大致可分成期租、程租、灵活租赁等 3 种方式。目前主要的集装箱出租公司名称及集装箱箱主代码见表 2－16。

表 2－16　目前主要的集装箱出租公司名称及集装箱箱主代码

公司名称	箱主代码	公司名称	箱主代码
金斯塔集装箱公司（美国）	GST	黄金集装箱公司（法国）	GLD
特顿国际租箱公司（美国）	TRI	远洋租箱公司（美国）	TOL，TCT
桥头堡集装箱服务公司（英国）	BHC	集装箱运输贸易公司（德国）	NAB
国际集装箱应用公司（美国）	CAX	国际伙伴租箱公司（英国）	LPI

技能训练

阅读下面的案例材料，试找出整个运输过程中涉及的相关当事人，并分析谁应该为货损买单。

广东顺德一家公司（发货人）将装载电器的集装箱委托一家国际货运代理公司（货代公司）由顺德通过公路拖运到香港装船去孟买港，再通过铁路运抵新德里交货。该批货物由货代公司出具全程货运提单。提单记载：装船港香港，卸船港孟买，交货地新德里，运输条款CY—CY，即堆场到堆场，承运人在装货港集装箱堆场接收整箱货物，负责运至卸货港集装箱堆场整箱交付收货人。提单同时记载“由货主装载、计数”的批注。集装箱在香港装船后，船公司签发以货代公司为托运人的海运提单，其余内容与货代公司的提单同，只是没有批注。货物在孟买港卸船时，发现一个集装箱外表严重破损，货代公司在孟买港的代理与船方代理在破损记录上共同签署。货物运抵新德里后收货人开箱发现，外表破损的集装箱内的电器已严重受损，另有一个集装箱外表状况良好，但箱内电器也不同程度受损。收货人根据货代公司提单上“由货主装载、计数”的批注向发货人提出赔偿要求。但发货人拒赔，理由是货物出运后货代公司签发的是清洁提单，证明发货人是完好地将货物交给货代公司委托的公路承运人，而且由外理证明的装箱单上也没有做出任何批注。收货人转而向货代公司提出赔偿要求，因为货代公司出具全程货运提单，理应对全程运输承担责任，但同样遭到货代公司拒绝，理由是造成集装箱破损并非货代公司的过失，而是船公司的行为。

复习提高

一、选择题

1. 国际货运代理人代表的是（　　）。

   A. 托运人　　B. 承运人　　C. 代理人　　D. 第三人

2. 国际货运代理人在国际货物贸易中扮演的角色是（　　）。

   A. 货物出口人　　B. 货物进口人　　C. 运输代理人　　D. 货物运输人

3. 下列对无船承运人描述最确切的是（　　）。

   A. 承运人　　B. 实际承运人　　C. 契约承运人　　D. 托运人

二、连线题

1. 将下列货运事务与相应的货运代理人连线。

报关业务	无船承运人
海运拼箱业务	多式联运经营人
签发提单	报关代理人
代理订舱	集装箱拼箱经营人
订立多式联运合同	独立经营人

2. 将下列货运事务与相关人进行匹配。

为货物进行装箱	保税仓库
接受货主的申报对其进行监管	内陆承运人
储存未办理出口手续的货物	海关
代表承运人承揽运输货物	船代
在关(境)内运输货物	堆场

三、操作题

1. 天津泰达公司(简称泰达公司)出运一批什锦糖果去美国,合同规定货物必须装载集装箱,分3批装运,每1批出运2个集装箱。第1批货物由货主委托天津海峡国际货运公司(简称天津海峡)向海缘船舶代理公司(简称海缘船代)订舱,货物由中远海运(青岛)分公司(简称中远海运)实际承运,而第2、3批由货主直接向船代订舱,由天津海峡办理清关事宜。问题:

(1) 第1批货物托运人是(　　)。

A. 天津海峡　　B. 泰达公司　　C. 海缘船代　　D. 中远海运

(2) 第2、3批货物托运人是(　　)。

A. 天津海峡　　B. 泰达公司　　C. 海缘船代　　D. 中远海运

(3) 海缘船代是(　　)代理人。

A. 天津海峡　　B. 泰达公司　　C. 海缘船代　　D. 中远海运

(4) 第2、3批货物运输中,泰达公司与天津海峡存在何种关系。(　　)

A. 存在代理委托关系　　B. 不存在任何关系

C. 存在买卖关系　　D. 存在运输合同关系

(5) 这票业务货代属于什么性质。(　　)

A. 传统代理　　B. 第三方物流经营人

C. 无船承运人　　D. 多式联运经营人

模块三

集装箱码头业务

学习导入

经过 30 多年的发展，我国集装箱运输业取得辉煌的成绩，尤其是中国的第一大港——上海港。上海港集装箱运输始于 1991 年，集装箱吞吐量从 2001 年的 633.4 万 TEU 增加到 2010 年的 2 905 万 TEU，首次跃居世界第一，2011 年实现 3 000 万 TEU 的历史突破，2017 年更是达到 4 030 万 TEU。如此巨大的集装箱码头吞吐量，洋山、外高桥、吴淞三大港区是如何快速安全地将集装箱从船上、集卡上卸下或装上的呢？堆场上一列列堆放整齐的集装箱又是如何实现收、发货人工厂仓库的位移的呢？本模块将带领大家从集装箱码头的装卸机械及工艺、堆场业务、检查口业务和货运站业务等方面进行学习。

学习目标

1. 知识目标

（1）了解集装箱码头主要装卸搬运机械和装卸工艺。

（2）掌握集装箱码头的堆场管理方法。

（3）了解集装箱码头检查口工作内容和流程。

（4）了解集装箱货运站的类型和业务。

2. 技能目标

（1）设计典型集装箱码头的装卸工艺。

（2）明确集装箱码头堆场管理员工作职责。

（3）明确集装箱码头检查口管理员工作职责。

（4）典型集装箱码头货运站业务流程设计。

任务一　集装箱码头装卸机械

任务导入

根据集装箱装卸搬运机械的使用范围，可以将集装箱码头装卸机械分为岸边装卸机械、场地装卸机械、水平运输机械等 3 类。下面我们和 Linda 一起学习这 3 类集装箱专业装卸机械，为下一个任务集装箱码头装卸工艺的学习做好铺垫。

任务目标

1. 集装箱岸边装卸机械的种类及特点。
2. 集装箱场地装卸机械的种类及特点。
3. 集装箱水平运输机械的种类及特点。

知识链接

根据集装箱装卸搬运机械的作业范围，从以下 3 个方面介绍集装箱装卸搬运机械。

一、集装箱岸边装卸机械

（一）集装箱装卸桥

现代集装箱码头普遍采用岸壁式集装箱装卸桥进行船舶的装卸作业，见图 3－1。岸壁式集装箱装卸桥（简称集装箱装卸桥或桥吊），是集装箱码头前沿装卸集装箱的专用机械，承担集装箱装、卸船作业，是码头集装箱作业的起点和终点。其对集装箱的处理速度和效率往往决定整个集装箱码头的吞吐量。

集装箱装卸桥沿着与码头岸线平行的轨道行走，主要由带行走机构的门架、承担臂架机构的拉杆和臂架等部分组成。其中，臂架又可分为海侧臂架、陆侧臂架和门中臂架等 3 个部分，海侧臂架和陆侧臂架由门中臂架连接。臂架的主要作用是承受装卸桥小车的质量，小车带有升降机构，而升降机构又用来承受集装箱吊具和集装箱的质量。海侧臂架一般设计为可变幅式（可以俯仰），当集装箱装卸桥在移动时，为确保船舶或航道的安全，一般将海侧臂架仰起,以免与船舶上层建筑发生碰撞。

图 3 - 1 集装箱装卸桥

(二) 多用途门座起重机

多用途门座起重机是港口通用件杂货门座起重机的一种变形,是为适应船舶混装运输的需要而发展起来的,主要增加装卸集装箱的功能,由起升机构、变幅机构、旋转机构和大车行走机构组成,见图 3 - 2。多用途门座起重机可按不同的需要,配装不同的装卸工具(如集装箱专用吊具、吊钩、抓斗等),设置相应的附加装置,可进行集装箱、件杂货、重大件、散货的装卸作业,是多用途码头的一种理想的作业机型。

图 3 - 2 多用途门座起重机

多用途门座起重机的工作覆盖面积大,与岸边集装箱装卸桥比,自重较小,轮压较低,对码头的负荷要求低,从而可安装在原有的门机码头上。集装箱吊具具有自动旋转装置,以保持装卸作业过程中,集装箱的纵轴线与码头岸线平行;具有水平补偿装置,以保持变幅过程中,吊具与集装箱的水平状态;还装有偏重心调节装置,以防止集装箱偏载所产生的箱体倾斜。多用途门座起重机的装卸效率很高,平均可达 18～25 TEU/h。

(三) 高架轮胎式起重机

高架轮胎式起重机是20世纪70年代末发展起来的新机型,见图3-3。其具有以下特点:调动灵活,码头不需要安装轨道,可像普通轮胎式起重机那样任意行走;机动灵活,既可在前方作业,又可在堆场作业,设备可得到充分利用;驾驶室离地面高,视野广;臂架的铰点高,不会出现因船舶干舷高而不能进行装卸作业的现象;通用性强,配置不同的吊索具,可装卸集装箱、件杂货、散货等,适用于多用途码头。

图3-3　高架轮胎式起重机

高架轮胎式起重机的自重虽然相对于大型的岸边装卸机械来说较小,但其自重仍逾200 t,相对于多用途码头而言,对码头的承载能力要求较高,需要较大的码头建设投资,高架轮胎式起重机在西方多用途码头应用较多,在我国港口应用较少。

二、集装箱场地装卸机械

(一) 集装箱龙门起重机

集装箱龙门起重机是一种用于装卸集装箱的桥式衔架结构的起重机,主要运用于集装箱的堆装作业和对各种车辆的换装作业。龙门起重机一般采用焊接的箱型结构,其优点在于质量小、强度大、刚性好、大多自备内燃发电机,由它供给起重机所需的动力,转向装置常常采用油压机构操纵。按行走方式,龙门起重机可分为轮胎式龙门起重机和轨道式龙门起重机。

1. 轮胎式龙门起重机

轮胎式龙门起重机由前后两片门柜和底梁组成的门架,支撑在橡胶充气轮胎上,在堆场上行走,装有集装箱吊具的行走小车沿着门框横梁上的轨道行走,用以装卸底盘车和进行堆装作业,见图3-4。

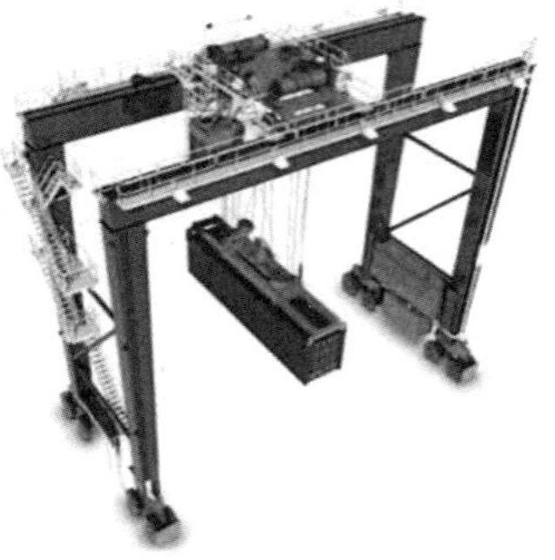

图 **3-4**　轮胎式龙门起重机

轮胎式龙门起重机最显著的特点是机动灵活、通用性好。其不仅能前进、后退，而且还设有转向装置，可以从一个箱区转移到另一个箱区，但单位面积的堆装能力不高，结构也较为复杂，不易维修、保养。

2. 轨道式龙门起重机

轨道式龙门起重机由两片双悬臂的门架组成，两侧门腿用下横梁连接，支撑在行走轮轴上，沿着场地上铺设的轨道行走，所以只能限制在所设轨道的某一场地范围内进行作业，见图 3-5。轨道式龙门起重机自身定位能力较强，较易实现全自动化装卸，是自动化集装箱码头比较理想的一种机械。

图 **3-5**　轨道式龙门起重机

轨道式龙门起重机最显著的特点是堆场面积的利用率高，提高堆场的堆存能力。其内部结构较为简单，因此操作较容易，维修方便，并且有利于实现单机自动化控制，在自动化集装箱码头上较为适用。

(二) 集装箱叉车

集装箱叉车是码头最常见的专门机械，是从普通叉车逐步发展而来的一种专用叉车，可用于装卸、搬运及堆码作业，也能参与装卸船和装拆箱等作业，见图 3-6。根据货叉位置，集装箱叉车分为正面集装箱叉车和侧向集装箱叉车两种。集装箱叉车适用于空箱作业，可供一般吞吐量较少的多用途泊位使用。

图 **3-6**　集装箱叉车

集装箱叉车具有机动灵活、通用性好、应用广泛、性能可靠、造价低廉等优点，但也有作业时回转半径大、堆场面积利用率低、满载时前轴负荷大、轮压大、液压部件较多、维修复杂、集装箱在装卸时的损坏率较高等不足。

（三）集装箱正面吊运机

集装箱正面吊运机是目前码头堆场上使用最频繁的集装箱专用机械，主要优点是机动性强，既可用于吊装作业，又可用于短距离搬运，见图 3-7。集装箱正面吊运机一般可吊装 4 层箱高，稳定性好，轮压不大，因此是比较理想的堆场装卸搬运机械，不仅适用于集装箱吞吐量不大的码头，也适用于空箱作业。

图 **3-7**　集装箱正面吊运机

（四）集装箱空箱堆高机

集装箱空箱堆高机广泛用于港口、码头、铁路公路中转站及堆场内的集装箱空箱的堆垛和转运，是岸桥、场桥及正面吊的配套产品，见图 3-8。其操作方式与叉车类似，但起吊集装箱采用抓夹方式，一般可抓取 8 t 空箱，可堆高 8 层空箱。集装箱空箱堆高机具有堆码层数高、堆垛和搬运速度快、作业效率高、机动灵活、节约场地等特点。

图 **3－8**　集装箱空箱堆高机

近几年来，随着国内物流业的飞速发展，各集装箱货场及中转站的集装箱数量大幅增加，出现场地狭小紧张的问题，扩大场地受费用和土地限制，因此各货场及中转站均考虑向高度发展。各集装箱空箱堆高机生产厂通过改进其工作机构中的门架装置来满足用户要求，现在市场已有起升高度达到 20 m、堆码 9 层、门架高度 13 m 的集装箱空箱堆高机。

三、集装箱水平运输机械

(一) 牵引车

集装箱牵引车又称拖头，其本身不具备装货平台，必须和集装箱挂车连接在一起，才能拖带集装箱进行码头内或公路上的运输，见图 3－9。其主要用于集装箱在前后堆场转移。

图 **3－9**　牵引车与挂车

(二) 挂车

挂车又称为拖车或平板，其本身没有动力，仅仅是一个载箱的平台。随着集装箱运输的发展，其专业化和标准化程度不断提高，出现各种能满足不同需要的挂车。

(1) 按挂车底盘前后车轴的配置，可分为全挂车和半挂车。挂车底盘下前后两端都配有车轴的称之为全挂车;挂车底盘下前端没配有车轴,仅后端配有车轴的称之为半挂车,半挂车是集装箱码头堆场普遍采用的挂车,又称之为底盘车。

(2) 按挂车构成结构的不同,可分为骨架式挂车和平台式挂车。挂车只有钢结构骨架,没有铺底板面的称之为骨架式挂车,是集装箱运输的专用设备。其仅由底盘骨架组成,结构简单,质量小,维修方便,在集装箱运输中得到广泛应用。挂车不仅有钢结构骨架,而且在骨架上铺有底板面的称之为平台式挂车。除有两条承重的主梁外,还有若干横向的支撑梁,这些支撑梁上铺有钢板或木板。在固定集装箱的位置上,按集装箱尺寸和角件规格,全部安装旋锁件。平板式集装箱半挂车既能装载集装箱,又能装载普通货物。

(三) 跨运车

跨运车是用于集装箱码头短途搬运和堆码的机械,其机动性好,既可用于码头前沿至堆场的水平运输,又可用于堆场的堆码、搬运和装卸车作业,见图 3-10。跨运车是以门形车架跨在集装箱上,由装有集装箱吊具的液压升降系统吊起集装箱进行搬运、堆高作业。此外,跨运车还能装卸集装箱底盘车,并能与其他机械(如龙门起重机)配合使用。

图 **3-10**　跨运车

技能训练

阅读下面的材料,分析讨论当今集装箱机械的新特点和新优势。

世界贸易的发展带动集装箱水运业的飞速发展,当今,在这个行业中,值得我们共同关注的一件大事是集装箱船舶的大型化、高速化。因为这将为航运界带来更大的巨额财富。马士基船公司 1.45 万 TEU 的运输船已投入运营,而且这类船舶的速度都很快(达 25 kn)。在油价高昂的今天,为了得到补偿,这类船舶选择停泊的港口不仅要有深的航道和好的码头,更重要的是快装快卸,要求最短的船舶在港停留时间。因此,如何“快”是集装箱装卸机械制造业和港口码头面临的共同课题。

(1) 双 40 英尺箱起重机。振华港机近年来研制出一次可以装卸 2 个 40 英尺集装箱的双 40 英尺箱起重机,在该产品诞生前,全世界所有的岸边集装箱起重机均是一次只能装卸 1 个 40 英尺集装箱,这种一次只能装卸 1 个 40 英尺箱的作业模式保持近半个世纪。为了满足大型船舶快装快卸的要求,港口码头要投入 8~9 台,甚至更多的集装箱起重机同时作业,投资大、成本高、能耗大,经济效益差,迫切期待新一代高效起重机问世。2004 年,世界上第一台一次性可装卸 2 个 40 英尺集装箱(或 4 个 20 英尺集装箱)的起重机在振华港机问世,并于当年成功投产于阿联酋迪拜港和上海港外高桥码头,分别创下 104 TEU/h 和 110 TEU/h 的世界装卸纪录,其效率是常规集装箱起重机的 2 倍以上。双 40 英尺箱起重机的高效,引起世界用户和业内人士的广泛关注,问世两年,就获得订单 150 台,分别位于多个国家和地区的装卸总量名列世界前列的港口,如新加坡、迪拜、釜山、上海、青岛、深圳、广州、宁波舟山等。双 40 英尺箱起重机必将是码头装卸设备更新换代的产品，代表着新一代岸边集装箱起重机的发展方向。

(2) 三 40 英尺箱起重机。振华港机于 2006 年创新研制一次性可装卸 3 个 40 英尺集装箱(或 6 个 20 英尺集装箱)的三 40 英尺箱起重机，并于 2006 年底交付深圳赤湾港投入使用。其运行效果比预计要好，效率在双 40 英尺箱起重机的基础上又提高 15%～20%，可以相信随着与码头配套设备和司机的磨合，其效率还将会有更大的提高。

(3) 双 40 英尺箱双小车岸边集装箱起重机。振华港机于 2005 年研发全自动化双小车中转接力方案，创新地布置两部小车，一部小车装卸高位集装箱，另一部小车装卸低位集装箱，现已交付青岛港使用。传统岸边集装箱起重机只有一部小车实现装卸船作业，既要装卸高达 40 m 的大船，又要装卸只离地 1.5 m 高的集卡，兼顾高和矮两种工况相当困难。设计开发前后小车通过中转平台接力，既优化吊运路径又提高对位效率，解决司机对集卡难的问题。通过攻克两部接力式小车自动对位、自动识别、自动纠偏和双车协调控制等关键技术，实现两部小车双 40 英尺箱全自动化无人操作，起重机作业效率提高 100%以上。

(4) 环保型(即绿色)轮胎式集装箱龙门起重机。目前，世界上共有轮胎式集装箱龙门起重机超过 6 500 台，它们的共同点是使用柴油发电机组供电，燃油价高、冒黑烟、噪声大，严重污染环境。为解决这一难题，振华港机创新使用超级电容并入起重机柴油机发电机组的供电回路中，构建复合动力源，超级电容快速吸收起重机下降和制动时的能源，又在工作中将能源输出，使柴油机发电机组在低能耗中平稳运行。起重机达到降噪 4 dB、消除黑烟、油耗降低 30% 的环保效果。环保型轮胎式集装箱龙门起重机一问世，就受到世界，特别是欧美用户等发达国家和地区的广泛关注。如今，环保型轮胎式集装箱龙门起重机已在美国西雅图、加拿大温哥华等港口进行 4 年的工业性运转，实践证明其工作可靠、环保效果好。

复习提高

一、选择题

1. 集装箱码头前沿装卸设备中，(　　)具有适应船型能力强、装卸效率高、安全、可靠等诸多优点而被广泛应用。

   A. 轮胎式集装箱龙门起重机　　B. 岸壁集装箱装卸桥

   C. 正面吊　　D. 台架起重机

2. (　　)的码头设施通常占陆地面积的比例最大。

   A. 岸边作业区　　B. 集装箱堆场　　C. 特殊作业区　　D. 检验区

二、简答题

1. 集装箱装卸搬运机械有几类，分别包括哪些机械?
2. 轮胎式龙门起重机和轨道式龙门起重机有哪些区别?

任务二　集装箱码头装卸工艺

任务导入

作为建设上海国际航运中心的一个重要组成部分，上海洋山深水港区起到国际集装箱枢纽港的作用。其工艺设计以及装卸机械的选择和配备不仅要达到国际集装箱枢纽港的先进水平，而且还要满足集装箱船舶和车辆、货物疏运、各环节生产能力间相互适应、降低营运成本、安全优质完成集装箱装卸任务的多种需求。因此，在21世纪初设计洋山港一期码头的装卸工艺时，相关施工人员除结合堆场作业设备特点及建设规模外，还充分考虑集装箱船舶的现状和发展趋势以及洋山港区的功能和定位。拟定选用轮胎式龙门起重机或轨道式龙门起重机作业方式进行装卸工艺设计，其中：轮胎式龙门起重机方案为装卸桥＋轮胎式龙门吊＋集装箱牵引车、底盘车＋辅助作业机械；轨道式龙门起重机方案为装卸桥＋轨道式龙门吊＋集装箱牵引车、底盘车＋辅助作业机械。下面我们和Linda一起学习集装箱码头装卸工艺相关知识并进行比选。

任务目标

1. 集装箱码头装卸工艺的定义。
2. 集装箱码头典型7种装卸工艺的特点和应用范围。
3. 集装箱码头不同装卸工艺的作业流程和优缺点。

知识链接

一、集装箱码头装卸工艺

装卸工艺是指装卸和搬运货物的方法和程序，主要包括装卸机械设备类型的选择和吊索具的设计、工艺流程的合理化、货物在运输工具和库场上的合理配置和堆码、司机和工人的先进操作方法等。码头装卸和搬运货物的生产活动，是按一定的操作过程，根据码头的生产条件，针对不同的货物、运输工具和装卸设备，以合理、经济的原则来完成装卸和搬运任务。

港口装卸作业是港口生产的主要内容。港口装卸工艺直接影响装卸效率、港口通过能力、车船周转、货运质量、装卸成本、劳动条件等，而且是码头泊位数、库场面积、车辆装卸线长度等设计的依据。选定合理的装卸工艺，是港口工程的重要内容之一，同港口建设规模、总体布置、码头类型和经济效益都有密切关系。

二、典型集装箱码头装卸工艺

一般来说，不同的货物，其装卸工艺系统也是不同的。集装箱码头的主要作业货物是集装箱，其装卸工艺系统按码头内集装箱堆场作业方式，可以分为底盘车装卸工艺、跨运车装卸工艺、轮胎式龙门起重机装卸工艺、轨道式龙门起重机装卸工艺、叉车装卸工艺、正面吊装卸工艺和混合装卸工艺。

（一）底盘车装卸工艺

底盘车装卸工艺是美国海陆公司首先采用的一种装卸工艺方式，故又称海陆方式，见图 3-11。码头的前沿采用岸边集装箱装卸桥承担船舶的装卸作业。底盘车承担码头前沿与堆场之间的水平运输，以及集装箱进、出码头作业。

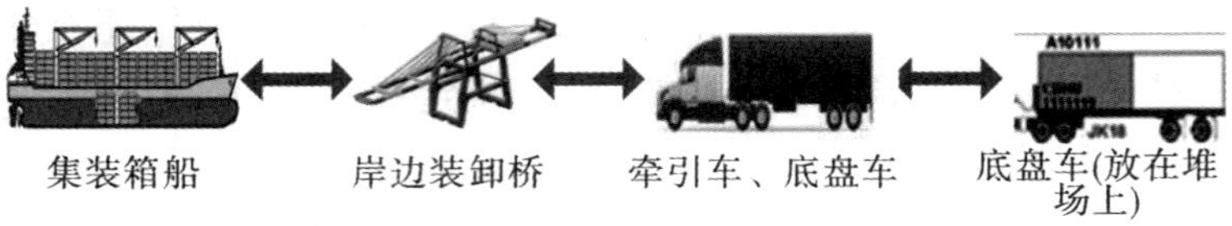

图 3-11　底盘车装卸工艺的作业流程

该装卸工艺的主要特点是：集装箱在码头堆场的整个停留期间均放置在底盘车上。底盘车装卸工艺的主要优点是：①集装箱在港的操作次数减少，装卸效率高，集装箱的损坏率低；②底盘车可直接用于陆运，特别适用于“门—门”运输；③底盘车轮压低，对场地的承载能力要求低，节省场地的铺面投资；④工作组织简单，对装卸工人和管理人员的技术要求低；⑤场地不需要复杂昂贵的装卸设备。

底盘车装卸工艺主要适用于下列情况：①码头集装箱的通过量较小，场地大；②集装箱码头的起步阶段，特别是整箱“门—门”货比例较大的码头；③船公司有特殊要求的码头，其陆路运输完全依赖于高效的公路运输。

（二）跨运车装卸工艺

跨运车装卸工艺又称为麦克逊方式，见图 3-12。码头前沿采用岸边集装箱装卸桥承担船舶的装卸作业。跨运车承担码头前沿与堆场之间的水平运输，以及堆场的堆码和进出场车辆的装卸作业。

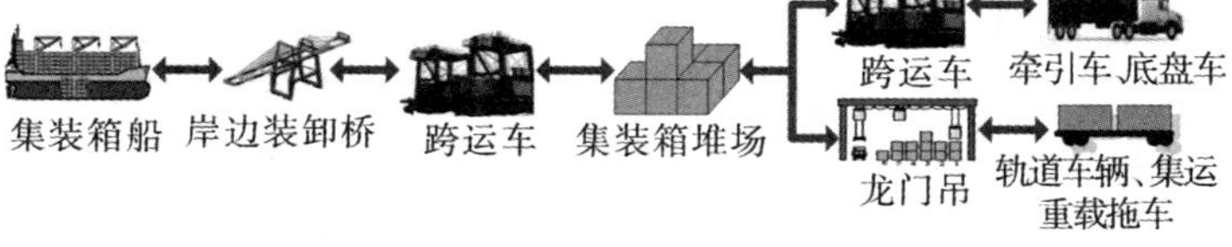

图 3-12　跨运车装卸工艺的作业流程

该装卸工艺的主要特点是：集装箱在码头内的水平运输，在堆场内收发箱和翻箱等作业均由跨运车承担。跨运车装卸工艺的主要优点是：①跨运车一机完成多种作业（自取、搬运、堆垛、装卸车辆等），减少码头的机种和数量，便于组织管理；②跨运车机动灵活、对位快，岸边装卸桥只需将集装箱从船上卸下后，放在码头前沿，无需准确对位，跨运车自行抓取运走，充分发挥岸边集装箱装卸桥的效率；③机动性强，既能搬运又能堆码，减少作业环节；④跨运车是一种流动性机械，当某处的作业量相对较大时，可多配几台，使码头作业进度平衡；⑤堆场的利用率较高，所需的场地面积较小。

跨运车装卸工艺主要适用于下列情况：由于装卸桥卸箱无须对位，而装箱时跨运车和装卸桥需对位等，故跨运车装卸工艺适用于进口重箱量大、出口重箱量小的集装箱码头。

（三）轮胎式龙门起重机装卸工艺

轮胎式龙门起重机（俗称轮胎吊）装卸工艺，其码头前沿采用岸边集装箱装卸桥承担船舶的装卸作业，见图 3－13。轮胎吊承担码头堆场的装卸和堆码作业，从码头前沿至堆场、堆场内箱区间的水平运输由集卡完成。轮胎吊的跨度一般可跨 6 列集装箱箱宽，外加 1 列集卡车道。堆高为 3～5 层集装箱箱高。轮胎吊设有转向装置，能从一个箱区移至另一个箱区进行作业。

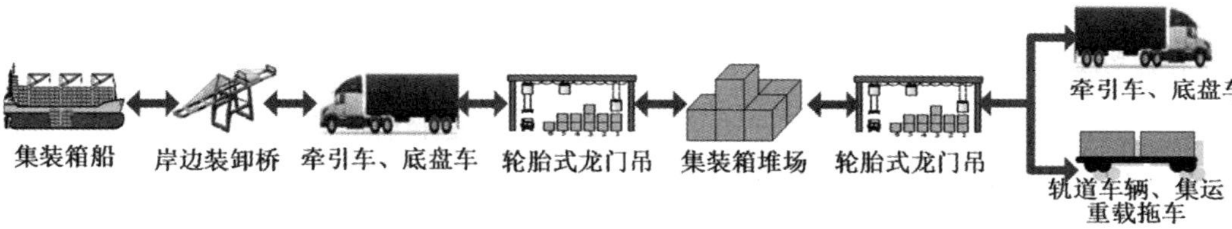

图 **3－13**　轮胎吊装卸工艺的作业流程

该装卸工艺的主要特点是：轮胎吊机动灵活，堆场利用率较高，适用性强，是一种普遍采用的装卸工艺。轮胎吊装卸工艺的主要优点是：①场地的利用率高。轮胎吊可在一个箱区堆放 30 个集装箱，且箱与箱之间的间隙较小，使堆场面积得到有效利用。②堆场铺面费用较少。堆场除轮胎吊的通行道路需特殊加强外，其余只需满足集装箱半挂车轮压要求即可，相对跨运车装卸工艺，减少场地铺面建造费用。③设备操作较简单，对工人只需进行中等技术水平的操作培训。④相对于跨运车装卸工艺，对集装箱的损坏机会较少。⑤轮胎吊采用 90°转向和定轴转向，占用通道面积小。⑥与轨道式龙门起重机相比，不受轨道的限制，可从一个箱区转移至另一个箱区作业。⑦可采用直线行走自动控制装置实现行走轨道自动控制，并可采用计算机控制，易于实现集装箱装卸作业自动化。

轮胎吊装卸工艺适用于陆地面积较小的码头。我国大部分集装箱码头采用这种装卸工艺。

（四）轨道式龙门起重机装卸工艺

轨道式龙门起重机（俗称电子龙）装卸工艺与轮胎式龙门起重机装卸工艺相比，其码头前沿也是采用岸边集装箱装卸桥承担船舶的装卸作业，轨道式龙门起重机可堆积 4～5 层集装箱,可跨 14 列甚至更多列集装箱,见图 3 - 14。轨道式龙门起重机设有专用轨道,不能进行跨轨道作业。

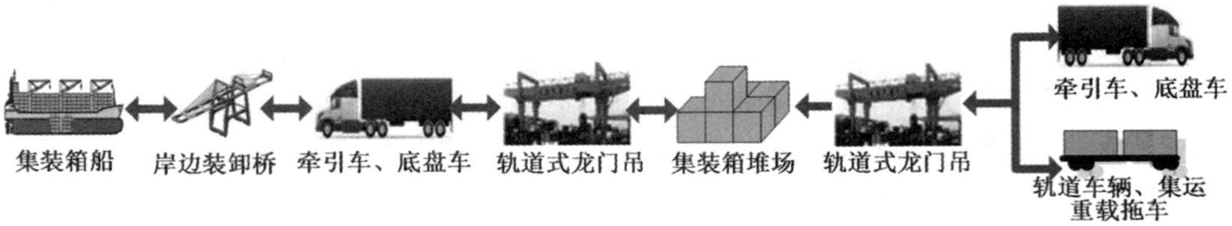

图 **3 - 14** 轨道式龙门起重机装卸工艺的作业流程

该装卸工艺的主要特点是:与轮胎式龙门起重机装卸工艺相比,堆场机械的跨距更大,堆高能力更强。轨道式龙门起重机装卸工艺的主要优点是:①堆场面积利用率高;②机械结构简单,维修方便,作业可靠性高;③机械设备的维修管理费用、营运费用低;④机械为电力驱动,节省能源;⑤机械沿轨道运行,有利于实施计算机控制,易于实现集装箱装卸的自动化。

轨道式龙门起重机装卸工艺适用于场地面积有限,集装箱吞吐量较大,计算机控制程度高的水陆联运码头。

(五) 叉车装卸工艺

叉车装卸工艺的码头前沿采用岸边集装箱装卸桥承担船舶的装卸作业,码头前沿与货场之间的水平运输以及堆场集装箱的堆码与装卸由叉车承担,见图 3 - 15。

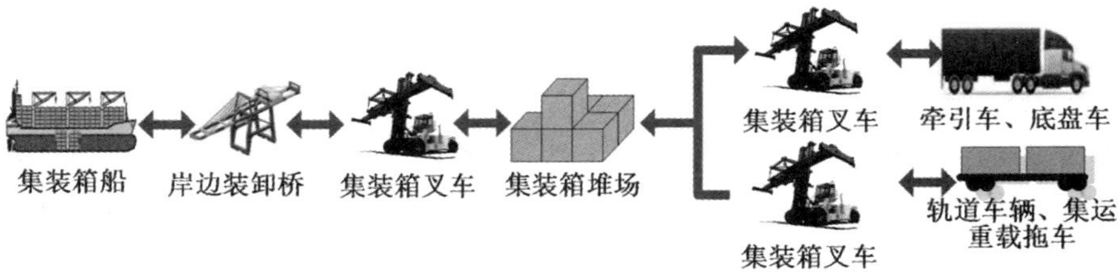

图 **3 - 15** 叉车装卸工艺的作业流程

叉车装卸工艺的主要优点是:①叉车的通用性强,可适用于多种作业,机械在其寿命期内得到充分利用;②由于叉车的使用较普遍,司机和维修人员熟悉叉车,存在的技术问题少;③机械价格便宜,成本低。

叉车装卸工艺主要适用于吞吐量小的集装箱码头。

(六) 正面吊装卸工艺

正面吊装卸工艺的码头前沿采用岸边集装箱装卸桥承担船舶的装卸作业,码头前沿与堆场的水平运输以及堆场的堆码和装卸车作业由正面吊来承担,见图 3 - 16。

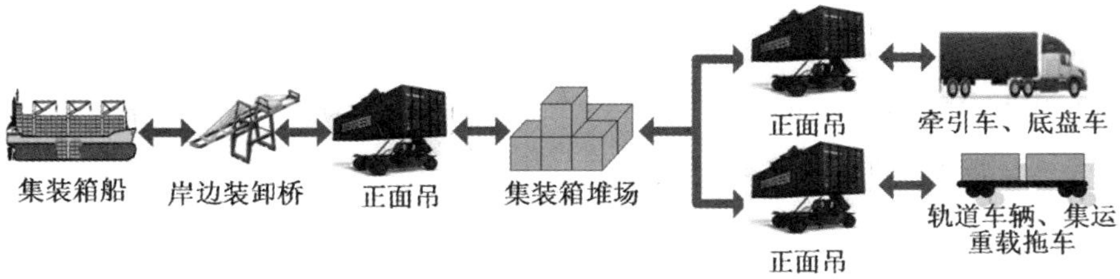

图 **3-16**　正面吊装卸工艺的作业流程

正面吊装卸工艺的主要优点是：①正面吊可完成搬运、堆码、装卸车作业，减少码头配备的机种，便于机械的维修保养；②正面吊可跨箱区作业，一般可堆 4 层箱高（有些可堆 8 层箱高），与叉车系统相比，场地的利用率较高；③正面吊可加装吊钩或木材抓斗，用于吊运重件或木材，使机械在寿命期内得到充分利用。

目前正面吊的应用尚不广泛，仅在吞吐量较小的集装箱码头有所应用。

（七）混合装卸工艺

从上述 6 种工艺系统可以看出，各种工艺系统在经济性、操作性、机动性、环保性等方面各有利弊。因此，集装箱码头在实际选择并配置工艺系统时往往会扬长避短，整体考虑各系统的优缺点，采用对其最优的混合工艺系统。目前较为常见的混合系统组合为“桥吊＋集卡＋龙门吊（轨道式或轮胎式）＋叉车＋正面吊”，即采用桥吊完成码头前沿的集装箱装卸作业，集卡完成码头集装箱搬运，龙门吊完成堆场绝大多数的重箱作业，叉车完成空箱场地堆码作业，正面吊完成仓库、查验等区域的重箱作业。此外，一些小型集装箱码头也采用“桥吊＋集卡＋龙门吊＋跨运车”系统，即由桥吊完成码头前沿的集装箱装卸作业，集卡完成出口集装箱前沿与堆场间的水平运输，龙门吊完成堆场集装箱的装卸与堆码，跨运车完成进口集装箱的水平运输、堆码和交货装车。

表 3-1 给出以上 7 种工艺系统的主要评价指标，评价结果可以作为集装箱码头传统装卸工艺系统选择的依据。

表 3-1　集装箱码头装卸工艺主要评价指标对比

指标	底盘车装卸工艺	跨运车装卸工艺	轮胎式龙门起重机装卸工艺	轨道式龙门起重机装卸工艺	叉车装卸工艺	正面吊装卸工艺	混合装卸工艺
储存能力	差	好	优	优	中	好	优
投资费用	差	好	好	好	优	好	优
工艺简单性	优	好	差	差	优	优	中
装卸效率	优	好	好	好	差	中	优
机动性	优	好	差	差	好	优	中
减轻箱损坏	优	差	好	好	好	好	好

表 3-1(续表)

指标	底盘车装卸工艺	跨运车装卸工艺	轮胎式龙门起重机装卸工艺	轨道式龙门起重机装卸工艺	叉车装卸工艺	正面吊装卸工艺	混合装卸工艺
降低维修成本	好	差	好	优	好	好	中
可扩张性	优	好	差	差	好	好	好
自动化适应性	差	差	好	优	差	差	好
与铁路接运	差	差	好	优	中	好	好

技能训练

阅读下面的材料，分析并讨论日本名古屋港 Tobishima 自动化集装箱码头装卸工艺的特点、优点和缺点。

世界著名的日本名古屋港 Tobishima 集装箱码头是日本首个全自动化集装箱码头，也是目前公认的世界上最先进的自动化集装箱码头之一。该码头共有 2 个泊位，分别于 2005 年 12 月和 2008 年 12 月投入运营。由于日本为多地震国家，其集装箱码头的结构和设备均采用强化抗震的设计工艺，以减小地震危害。

Tobishima 码头前沿共配备 6 台超巴拿马型岸桥，水平运输采用自动导引车，堆场采用全自动轮胎式龙门起重机。Tobishima 码头是目前世界上采用全自动轮胎式龙门起重机作为堆场设备的自动化集装箱码头之一。与一般的轮胎式龙门起重机相比，该码头采用的全自动轮胎式龙门起重机具有精度高、对位准、稳定性好、自动化程度高等优点，且具备自动纠偏、光电控制、液压汽缸防摇等功能。此外，该码头采用智能闸口系统光学字符识别(OCR)技术和无线射频识别(RFID)技术，结合电子信息提示牌、闸道系统、闸口自助终端系统等多重设施，可实现集卡车号及集装箱箱号的自动采集。

复习提高

一、选择题

1. (　　)称为麦克逊方式。

A. 底盘车系统　　B. 跨运车系统

C. 轮胎式龙门起重机系统　　D. 叉车系统

2. 集装箱装卸工艺方案中称为海陆方式的是由(　　)组合的。

A. 装卸桥、跨运车　　B. 装卸桥、底盘车

C. 装卸桥、轮胎式龙门起重机　　D. 装卸桥、集装箱叉车

二、简答题

1. 什么是集装箱码头装卸工艺?
2. 简述7种集装箱码头装卸工艺的工艺流程。
3. 比较轮胎式龙门起重机装卸工艺和轨道式龙门起重机装卸工艺的主要区别。

任务三

集装箱码头堆场业务

任务导入

Linda 学习完集装箱装卸工艺相关知识后，在教师的带领下参观洋山深水港，看着堆场上一列列堆放整齐的集装箱，灵活穿梭于装卸桥与堆场之间的集卡，从集卡上熟练地提取集装箱并缓缓放下的龙门吊，如此繁忙的码头却运营得井然有序、高效快捷，Linda 感叹不已。同时，看着来来往往载着集装箱的车辆，Linda 心中也产生一些困惑：每天进场的出口箱、卸船的进口箱分别如何堆放？空箱和重箱的堆放场地是否不同？危险品箱和冷藏箱与普通的集装箱是否能够堆放在一起？集装箱堆放越高越好呢，还是仅仅堆一层呢？为什么堆场大部分集装箱是 4～5 层，但是有的集装箱却是 1 层，还有的是 6～7 层？下面我们一起学习集装箱码头堆场业务相关知识。

任务目标

1. 集装箱堆场管理的主要内容。
2. 集装箱堆场的堆垛规则。
3. 集装箱箱区划分和箱务管理。

知识链接

一、集装箱码头堆场管理概述

集装箱码头吞吐量的快速增长使得码头管理的难度增加。当码头的规模、设施条件基本确定后，堆场作业效率便成为影响码头装卸效率的一个重要因素，而堆场管理也成为码头面临的主要难题。

集装箱码头堆场管理主要包括堆场的堆箱规则、堆场的分类、箱务的管理及生产作业计划的制订和执行。堆场管理是码头生产的一个重要环节。码头要保证船舶如期开船，就必须提高码头装卸速度，而装卸速度的提高很大程度上取决于码头堆场箱区、箱位安排的合理性。合理安排箱区和箱位，不仅能降低翻箱率，减少桥吊等箱的时间，提高码头装卸速度，而且还能最大限度地提高码头堆场利用率、码头通过能力，降低码头生产成本。

资料卡

集装箱码头堆场的作用

集装箱堆场的作用，包括堆存与保管，集装箱的交接，集港装船，对特殊集装箱的处理，集装箱修理等。对于海运集装箱出口来说，堆场的作用就是把所有出口客户的集装箱在某处先集合起来（不论通关与否），到了截港时间之后，再统一上船（此时必定已通关）。也就是说，堆场是集装箱通关上船前的统一集合地，在堆场的集装箱货物等待通关，这样便于船公司、海关等进行管理。此外，很多海关规定，重箱必须进入海关监管的集装箱堆场后（意味着货物已经处于海关的控制之下）才能进行报关。

二、堆箱规则和堆场箱位号

（一）堆箱规则

堆场的堆箱规则主要取决于装卸工艺系统。目前我国绝大部分集装箱码头采用的是装卸桥轮胎式龙门吊装卸工艺系统，与该工艺系统相应的是 6 列加一通道堆箱规则，即每个箱区的宽度为 6 列箱宽再加上一条集装箱卡车车道的宽度；堆高层数视龙门吊的作业高度而定，包括堆三过四、堆四过五和堆五过六，国外有的集装箱码头最大堆高层数已达 9 层。目前我国沿海港口基本采用堆四过五的堆箱规则。

（二）堆场箱位号

为便于箱区的集装箱管理，码头通常还规定堆场箱位的表示方法。堆场箱位的表示方法目前尚不统一，下面介绍一种常用的堆场箱位编号方法：整个堆场按区划分，按照泊位顺序，每个泊位对应一个区，见图 3－17。

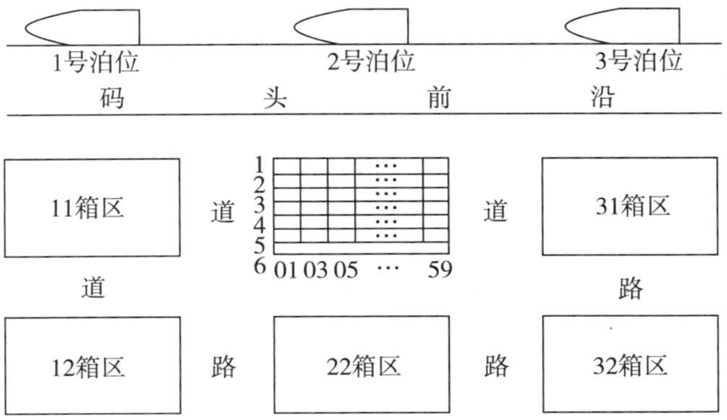

图 3－17　码头堆场箱位示意

例如，1号泊位对应A区（或1区），2号泊位对应B区（或2区），3号泊位对应C区（或3区），每区又划分块。A区共分10块，分别为01，02，…，10；编号一般从海侧（码头）到陆侧（堆场）顺序；宽度为6列加1车道，约24 m。每块又划分为贝：①用奇数表示20英尺、偶数表示40英尺；②物理贝为1，2，3，4，5，6，7，8，逻辑贝为20英尺——01，03，05，07，09，11，13，15，或40英尺——02，04，06，08，10，12，14。

每贝又划分为列：①1贝宽为6列；②列的编号从1到6，或从A到F；③靠近车道的为1或A，依次排之。每列又分为层：①一般为6层，根据机械作业高度而定；②编号从底往上，依次为1，2，3，4，5，6。

三、堆场的分区

堆场的分区为：①按堆场的前后位置，可分为前方堆场和后方堆场；②按进口和出口业务，可分为进口箱区和出口箱区；③按不同的箱型，可分为普通箱区、特种箱区、冷藏箱区和危险品箱区；④按集装箱的空重，可分为空箱区和重箱区；⑤按中转类型，可分为国际中转箱区和国内中转箱区。

上述堆场分区一般应根据集装箱码头的堆场容量、作业方式和集装箱容量综合加以应用，例如：若堆场面积不足则不分前方堆场和后方堆场，若无中转箱业务则不划分中转箱区。需要特别注意的是，对冷藏箱区和危险箱区应制定专门的管理制度和安排专职人员，以保证集装箱的安全操作和安全堆存。

四、堆场箱务管理

（一）出口重箱的堆放

集装箱码头通常在装船前3天开始受理出口重箱进场作业。由于货主重箱进场的随机性与船舶稳性及吃水差既定性的矛盾，必须科学合理地安排出口重箱进场，力求提高堆场利用率，降低翻箱率，保证船舶规范要求和船期。在安排出口重箱进场时，应满足以下基本要求：

（1）根据船舶计划的靠泊位置和作业路线，安排进口箱时要尽可能靠近船舶靠泊的泊位，避免各路作业的线路交叉、道路拥挤、机械过于集中等不利因素。

（2）根据船舶稳性、吃水差规范要求和沿线船舶靠港作业要求，将不同卸港、不同吨级、不同箱型和不同尺寸的集装箱分开堆放，以便装船作业时按配载图顺序发箱，减少堆场翻箱找箱。

（3）集装箱码头生产任务繁忙，特别是当多船装卸作业与大量进口箱的提箱作业同时进行时，更要从整个码头的作业效率出发统筹兼顾：箱区的安排分配要与船舶泊位、作业路线、作业量以及机械分配等各种因素结合起来，力求最佳的动态平衡。

（二）进口重箱的堆放

进口重箱自卸船后7天内要按不同的收货人发箱提运，因此进口重箱的堆放要兼顾船舶的卸船作业和货主的提箱作业。

（1）根据船舶计划的靠泊位置和作业路线选择合适的箱区，提高卸船作业效率。

（2）不同集装箱分开堆放。重箱与空箱分开堆放、不同尺寸箱子分开堆放、不同箱型分开堆放、好箱与坏箱（污箱）分开堆放。严格做到中转箱堆放于海关确认的中转箱区，冷藏箱堆放于冷藏箱区，特种箱堆放于特种箱区，危险品箱堆放于危险品箱区。此外，对大票箱尽量相对集中堆放，以便在货主提货时充分发挥堆场机械发箱作业效率，对空箱应按不同持箱人堆放，以便空箱发放或调运。

（三）集装箱在堆场的搬移

为方便堆场作业，提高堆场利用率和机械作业效率，集装箱码头要对堆场上的集装箱进行必要的搬移。

（1）装船结束后退关箱的搬移。出口箱进入码头后，由于报关或船舶超载等原因，会有一些集装箱不能装船出运，造成退关。退关箱稀疏地滞留在原来的出口箱区内会影响其他船舶出口箱的进场，因此装船结束后必须对退关箱进行及时核实和处理，如相对集中堆放于原箱区内或转移到其他箱区。

（2）进口箱集中提运前的搬移。如进口箱堆场安排欠妥或在卸船时无法兼顾，当集装箱码头受理提箱作业后，应将进口箱作适当的搬移，以方便货主提箱，减少等待时间，同时又可充分发挥场堆机械的作业效率。例如，将受理提箱的集装箱移入一个单独的箱区，以方便发箱，或将大批量同一货主的集装箱转移一部分至其他箱区，以减少集装箱卡车排队等候时间。

（3）进口箱提箱。进口箱提箱是指作业基本结束后的搬移。收货人在办妥进口清关手续后，通常会在相对集中的几天时间内到码头提运进口重箱。当这一提箱高峰过后，由于少数货主不能及时提箱，使一些集装箱零星地分散在进口箱区中，必须及时对其进行搬移归并。

（4）空箱的搬移。空箱的搬移是指对收货人拆箱后的回空箱、CFS条款拆箱后的空箱及时转入空箱区以及为满足发货人提空箱而对空箱进行必要的搬移。

（5）装船需要的搬移。装船需要的搬移是指因船舶稳性、吃水差、卸港顺序等船舶装运的需要，同时为提高码头作业效率、保证班轮船期，而对一些不适合的集装箱进行必要的搬移。

（四）空箱管理

（1）空箱进场管理。空箱进入集装箱码头有2条途径：陆路空箱进场，包括收货人拆箱后的回空箱和船公司出口调运的空箱；水路进口空箱卸船进场。①空箱进场经过码头检查口时，集装箱卡车司机与检查口人员必须共同检验箱体，如实批注或不批注，双方在设备交接单上签字以划分港内外的责任。②进口空箱卸船时，码头检箱员必须与外理员共同检验箱体，如有异常，首先分清原残与工残，如为工残则填制设备交接单或残损报告，双方签字确认。空箱进场时，应按不同的箱型、尺寸分开堆放，同时对拆箱后的回空箱要按不同持箱人分开堆放，对船公司调运的空箱要按船名航次堆放。

（2）空箱出场管理。空箱出场也分检查口出场和装船出口2条途径，与空箱进场业务一样，空箱出场的交接双方也必须共同检验箱体，并在设备交接单签字确认。①对船公司装船出口的空箱，必须先取得船公司或船代的指令（如出口装船用箱指令或工作联系单、空箱装船清单）和场站收据，并按指令的箱量、箱型、尺寸配载后装船发运。②对发货人出口装货而提运空箱，在提运空箱经过检查口时，双方应进行箱体检验和交接。③对船公司提空箱到场外堆场，必须有船公司或船代的指令（空箱提运联系单），然后组织发放空箱。对因检验、清洗、熏蒸、修理等原因的空箱提运，应根据船公司或船代的工作联系单和设备交接单发放空箱并进行箱体检验和交接。

（五）冷藏箱管理

冷藏箱因所装载货物的不同而设有指定的温度，冷藏箱存放在集装箱码头期间，必须保证其指定温度要求，从而保证货物不受损坏。

（1）出口冷藏箱管理。出口冷藏箱进入码头检查口时，检查口人员除认真检查箱体和对冷冻机设备进行交接外，还要认真检查冷藏箱设定的温度，保证装箱单指定的温度、冷藏箱设定的温度和冷藏箱记录的温度一致无误。冷藏箱应堆放于冷藏箱区，并由专人负责，在码头堆放期间应使冷冻机按规定温度处于正常工作状态。冷藏箱装船前应检查温度状况，在正常工作状态下切断电源，并卷好电源线和插头，然后按配载图装船出运。

（2）进口冷藏箱管理。卸船前先检查冷藏箱制冷温度和箱体状况，如一切正常则切断电源，并卷好电源线和插头，进行卸船。冷藏箱进入冷藏箱区后，接通电源启动开关，使冷冻机按规定温度进入工作状态。冷藏箱出场前应检查温度状况后切断电源，并卷好电源线和插头，然后发箱装车。

（六）危险品箱管理

危险品是指《国际海运危险货物规则》（以下简称《国际危规》）中列明的危险货物。集装箱码头装卸危险品箱必须事先取得船公司或船代经海事局核准签发的船舶载运危险货物申报单，码头凭申报中列明的危险货物的不同类别实施装卸。同时，对于烈性危险货物（如《国际危规》1类爆炸品、2类压缩气体和液化气体、7类放射性物品），通常采取直装直卸方法。

（1）出口危险品箱的管理。出口危险品箱进入码头检查口时，集装箱卡车司机除递交装箱单、设备交接单外，还应递交经海关核准签发的危险货物集装箱装箱证明书，双方认真检验箱体和危标，做好交接手续。危险品箱应堆放于危险品专用箱区，并由专职人员管理。危险品箱区要有明显的警告标志，并有与其他箱区的隔离设施以及防护设备。对进入该箱区的危险品箱，还应按《国际危规》的隔离要求堆放，并做好有关记录。危险品箱装运时，装卸机械设备必须处于良好状态，并有适当的功率储备，然后按配载图或船方要求谨慎装船。

（2）进口危险品箱管理。进口危险品箱管理与出口业务基本相似，所不同的是业务流程与其相反。需要强调的是，集装箱码头应根据本身实际情况制定严格的危险品箱管理制度，并设专人管理；装卸危险品箱，必须事先取得申报单证，否则不能擅自装卸。

（七）特种箱管理

开顶箱、框架箱、平台箱、通风箱等特种箱必须堆放于特种箱区。四超箱（超高、超长、超宽、超重)通常限于堆放一层高,并采用相应的特种箱操作工艺,如高架桥式装卸工艺、钢丝绳底角件吊装工艺、货物拆箱分体装卸工艺等。

技能训练

阅读下面的材料,分析讨论如何加强集装箱码头堆场管理?

为解决集装箱码头堆场管理中存在的问题,提高集装箱码头堆场作业效率,必须从完善堆场作业计划、优化堆场作业流程、提高管理人员的业务水平和生产组织能力、提高司机的操作技能等多方面着手,具体要做到以下几点:

(1) 不断完善集装箱码头作业计划,减少翻箱作业,集装箱码头作业中计划处于极其重要的地位,码头的生产必须围绕计划开展,计划安排的好坏直接影响码头作业效率,计划安排越细,考虑的因素越周全,码头作业的可控性就越强,所以在集装箱码头的作业中一定要做好计划。

(2) 加强集装箱码头堆存计划及管理工作,减少集装箱码头作业冲突,集装箱在场地上的堆放做到"集散有度",即同一航次的出口箱,既不能在场地上过分集中堆放,也不能在场地上过分分散堆放。过分集中堆放,在装船作业时会造成作业路拥堵和人员、机械不能充分利用;过分分散堆放,由于作业点过多,在装船作业时会造成现场作业人员、机械的不足,使现场调度管理混乱。设立缓冲区停车场,减少装卸船与进提箱的作业冲突。

(3) 堆场管理系统的自动化发展,随着集装箱码头业务数字化、信息化的发展,码头操作系统已成为各集装箱码头推动集装箱业务发展的推进器。目前大多数集装箱码头的堆场操作系统使用已经达到成熟阶段,但是码头操作所出现的问题,如集装箱位置的最优堆存、提高轮胎吊的利用率、在高峰期如何避免集卡拥堵等,现有的堆场操作系统是无法解决的。操作系统的智能化发展成为码头人员研究的重点方向,利用智能化功能来满足码头需求,实现集装箱有效堆存的目标。

(4) 对管理人员进行培训或实行轮岗制度,提高堆场管理人员的业务水平和生产组织能力,堆场管理人员的业务水平和生产组织能力的提高对提高堆场作业效率起着极为关键的作用,为此必须对管理人员进行必要的业务知识培训。邀请国内外知名人士来港举办讲座、培训,并派业务骨干去国际先进港口学习航运物流的相关知识,同时抓住细节及时请教堆场有关系统、流程、策略方面的使用操作经验。在公司内部实行轮岗制度,加深管理人员对整个作业流程的理解,学会换位思考,从而使管理人员安排的计划、配载的船图以及发出的作业指令都更趋合理。

(5) 加快堆场集装箱的周转,场地的持续高利用率是由于堆场内集装箱的周转速度过低引起的。一方面,采用缩短出口箱的收箱天数,控制进口箱重箱堆存天数,降低场地利用率,保持堆场畅通;另一方面,为减少自身场地的压力,与港外堆场联系,将港内的进口箱疏运到港外堆场,或者直接将船上卸下来的集装箱运到港外堆场,以减少堆场的实际压力。

复习提高

一、选择题

1. 与装卸桥轮胎式龙门吊装卸工艺系统相适应的堆箱规则是(　　)。

A. 五列加一通道　　B. 五列加二通道

C. 六列加一通道　　D. 六列加二通道

2. 以下不属于集装箱堆场装卸设备的是(　　)。

A. 集装箱叉车　　B. 集装箱跨运车

C. 岸壁集装箱装卸桥　　D. 轮胎式集装箱龙门起重机

3. 集装箱堆场中,(　　)表示 42 区 01 位第 1 排第 1 层,420311 表示 42 区 03 位第 1 排第 1 层,这是 2 个相邻位的小柜。

A. 420111　　B. 420112　　C. 420311　　D. 420121

4. 以下不属于按箱型分区的是(　　)。

A. 普通箱区　　B. 出口箱区

C. 冷藏箱区　　D. 危险品箱区

二、简答题

1. 集装箱码头堆场管理主要包括哪些内容?

2. 简述集装箱堆场的堆垛规则。

3. 危险货物集装箱如何管理。

4. 集装箱堆场作业计划包括哪些内容?

任务四　集装箱码头检查口业务

任务导入

所有由集卡运输进出码头堆场的集装箱，都必须通过码头检查口，可见检查口是码头一个极其重要的部门，是码头与内陆承运人进行集装箱设备交接的主要环节。集卡司机在检查口与码头进行提箱或者进场业务交接。当集装箱进出码头时，检查口要对集卡司机提供的文件进行审核，检查接收的集装箱有无异常，测定集装箱的质量。为此，在集卡通过的道路上设置地秤，如出口重箱进场，装载出口货物的集装箱通过检查口时，由地秤自动测定其质量，并将集卡司机随车提供的"集装箱装箱单"相关内容输入计算机，由计算机自动选定该集装箱在码头堆场内的计划箱位，并打印一张带计划箱位的"收箱小票"交给集卡司机，集卡司机根据小票的计划箱位把集装箱运至指定的堆场。

下面和 Linda 一起学习集装箱码头检查口相关知识。

任务目标

1. 集装箱码头检查口的工作要求。
2. 集装箱码头检查口的工作内容和流程。
3. 集装箱码头检查口进出场集装箱的交接。

知识链接

一、集装箱码头检查口

作为集装箱进出码头堆场的主要通道，检查口业务管理的好坏，将直接影响码头的生产。因此，必须明确检查口的工作职责，制订检查口的工作要求。

(一) 检查口的职责

(1) 负责检查口的管理。

(2) 负责检查口集装箱进出场作业的实施。

(二) 有纸化操作模式下的工作要求

(1) 执行有关安全生产劳动保护方面的方针政策,坚持安全第一,预防为主的思想。

(2) 参加生产会,安排检查口作业人员,落实生产会布置的工作。

(3) 负责检查口集装箱进出场作业的实施。

(4) 负责审核进、出场集装箱的单证。

(5) 实施检查口进、出场集装箱的交接签证工作。

(6) 负责进出场集装箱的验残与签证工作。

(7) 负责进场冷藏箱记录卡的编制。

(8) 负责输入集装箱动态信息。

(9) 负责办理车搬直装、加车直提箱作业及时上报控制室。

(10) 负责检查口作业区域的交通安全。

二、检查口的工作内容及流程

(一) 检查口的工作内容

检查口的日常工作分为进场业务和提箱业务。其中:进场业务主要包括出口重箱进场、出口空箱进场和中转箱转码头进场;提箱业务主要包括提进口重箱、提空箱、提退关箱、提中转箱以及超期箱的疏运。

在有纸化单证操作模式下,检查口的主要作业内容有:①检查进港的集装箱的箱体是否完整,若箱体破损则在系统中录入残损记录;②限制车辆的进出,将能够进入堆场的集卡放进堆场,将不能进入堆场的集卡限制在检查口之外;③打印入场凭条;④对出港的货物及集装箱进行查验,查验无误后才能放行;⑤录入进港集装箱和集卡信息;⑥打印出场设备交接单。

在无纸化单证操作模式下,检查口采用计算机管理,检查口的大多数业务由计算机完成。在 eEIR(EIR 全称为 Equipment Interchange Receipt,设备交接单)管理系统下,检查口的主要作业内容如下。

1. 进出检查口操作

(1) 司机送箱进堆场,检查口人员在进场检查口,登录平台,打开送箱交接确认界面,可用扫描枪扫描司机手机客户端 EIR 二维码,或手工输入 EIR 数字码,平台将自动带出 EIR 信息,进行箱况确认。

(2) 司机送箱进码头,若箱体情况正常,则直接进场。若箱体残损,则车辆进缓冲区,检查口人员登录平台,打开送箱交接确认界面,可用扫描枪扫描司机手机客户端 EIR 二维码,或手工输入 EIR 数字码,平台将自动带出 EIR 信息,进行箱况残损确认。

(3) 司机进场(码头或者堆场)提箱,检查口人员在出场检查口,登录平台,打开送箱交接确认界面,可用扫描枪扫描司机手机客户端 EIR 二维码,或手工输入 EIR 数字码,平台将自动带出 EIR 信息,进行箱况确认。

(4) 若箱有残损,则在 EIR 带出信息中录入相关残损信息,确认提交完成出场。

2. 空箱调拨业务

(1) 堆场办理空箱调拨时可从对应接口直接导入 EIR 信息,也可自行录入 EIR 信息。

（2）选择 EIR 订单派发给指定的车队。

（3）堆场码头可通过平台查询车辆在码头的状态及各作业节点的生成时间。

（4）顺利完成的订单，系统将在 24 小时后自动进行核销。

（5）当提箱点或还箱点有所变更时，堆场可在司机进场作业前根据实际需求进行调整。

（6）在空箱调拨业务执行流程过程中，遇到特殊情况，堆场可冻结当前 EIR 流转，冻结状态下的 EIR 无法进行后续操作。用户也可根据实际情况适时取消冻结，继续后续流程。

（7）用户可通过人工核销结束异常作业。

（二）检查口作业流程

检查口是集装箱码头业务管理的一个重要环节，其通过能力直接影响码头堆场作业。因此，确保集卡在检查口快速通过就显得十分重要，必须制订一套相应的作业流程，包括提箱和集港 2 个主要部分。

1. 进口集装箱检查口提箱操作流程

进口集装箱提箱时，具体的操作流程比较复杂，根据上海外高桥集装箱码头情况，集装箱进口业务流程见图 3－18。从图 3－18 可以看出，集卡进检查口前需要在港口提前预约并持有设备交接单才能进入港区。

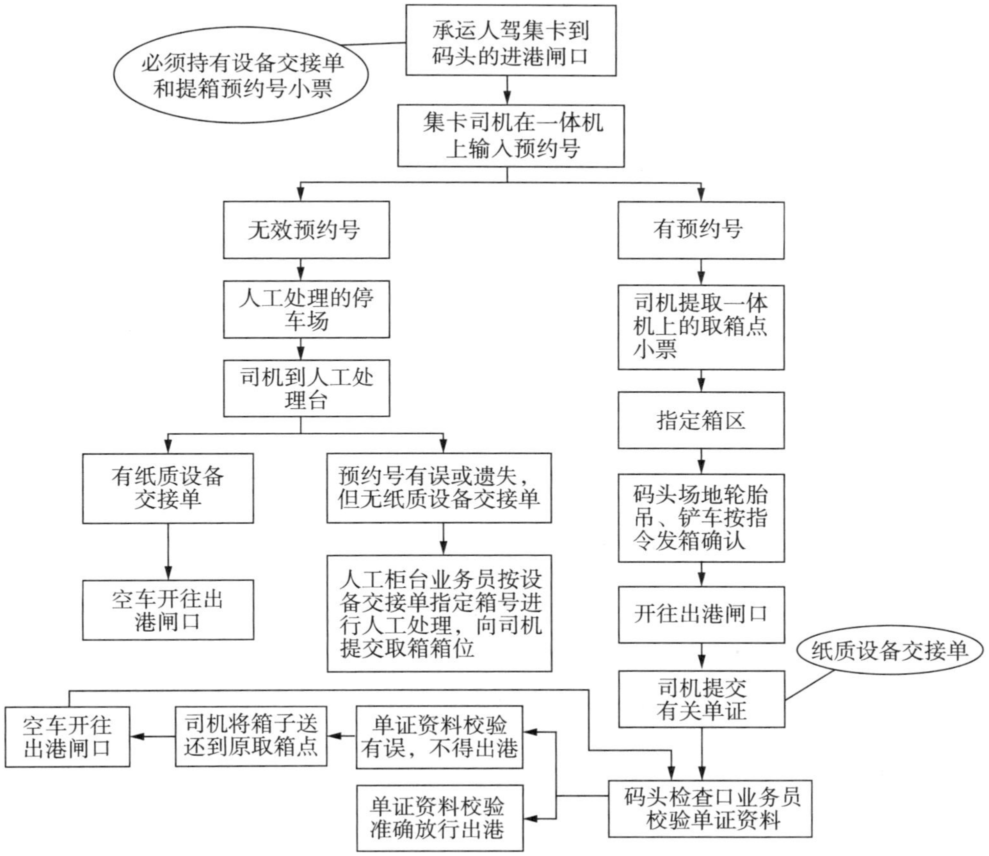

图 **3－18**　集装箱检查口进场流程

2. 出口集装箱检查口集港操作流程

在出口箱业务中，根据上海外高桥集装箱码头业务情况绘制的集装箱检查口出场箱流程见图 3 - 19。

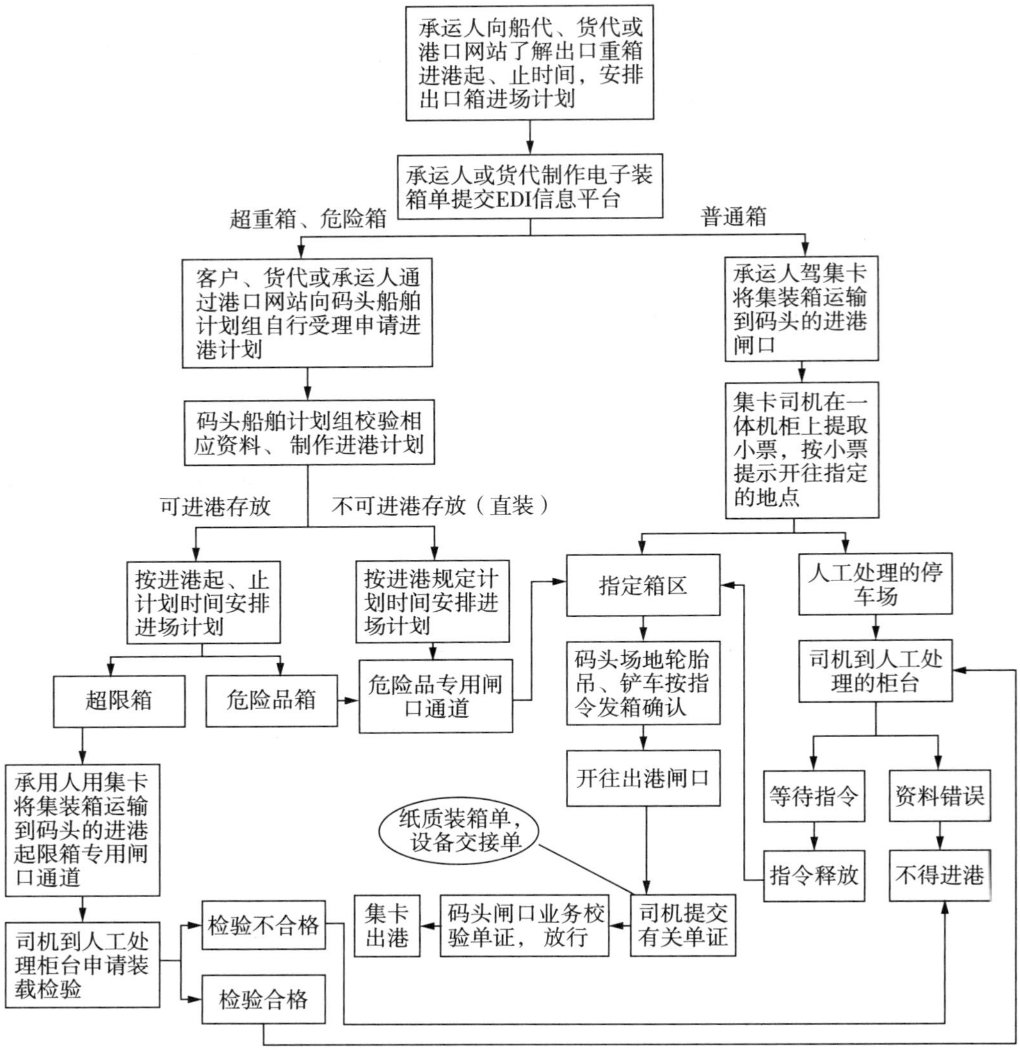

图 3 - 19　集装箱码头检查口出场流程

从图 3 - 18 和图 3 - 19 可以看出，集卡进入检查口之前都得在检查口处输入预约号，预约号无误时集卡才能进闸。检查口没有使用 RFID 技术之前，集卡进闸都得靠人工查验的方式，检查集卡能否进闸。集装箱检查口处的主要功能是让符合进港条件的集卡进入港区，将不符合进港条件的集卡堵在港区之外。但是，在进港排队的集卡尤其是问题集卡较多时，往往会造成港区的拥堵，降低检查口的通行效率。此外，集卡进港需要向检查口工作人员提交纸质材料，核对确认的环节也会耽误集卡进闸的时间，降低检查口的服务水平。

三、检查口进出场集装箱的交接

由内陆承运人经过陆上运输进出码头堆场的集装箱，都必须在检查口办理交接手续，检查口工作人员除审核有关的单证文件外，还应对集装箱箱体及集装箱设备进行交接验收。

（一）集装箱的交接

交接是指内陆（公路）运输企业的集卡司机，在码头检查口与集装箱码头，进行集装箱箱体、单证的验收交接，而在有纸化操作模式下，需在“集装箱设备交接单”上注明交接情况。从事集装箱运输业务的企业，必须凭集装箱经营人或代理签发的“集装箱设备交接单”办理进出口集装箱及集装箱设备的提箱、收箱、进场、出场等手续。

（二）集装箱的交接验收标准

（1）箱号清晰（以箱门上的为准）。

（2）箱门关紧无漏缝。

（3）箱体表面平整（凹损不超过内端面 3 cm，凸损不超角配件外端面）。

（4）无破洞。

（5）门杆、手柄齐全，无弯曲。

（6）敞顶箱油布完好，横梁、钢丝绳安装完整。

（7）冷藏箱压缩机、控制箱表面完好，有“PTI”标贴。

（8）重箱铅封完好。

（9）台架箱装载超高、超宽或者超长货物，要检查超高、超宽或者超长尺码以及货物捆扎牢固状况。

（10）装载危险货物的集装箱，要检查危险货物标签。

（三）“集装箱设备交接单”的签证

“集装箱设备交接单”分为进场设备交接单和出场设备交接单，各有三联，分别为：船公司、代理留底联；码头、堆场联；用箱人、运箱人联。“集装箱设备交接单”主要用于集装箱设备的交接，分清交接双方的责任。

（1）集装箱箱体符合验收标准的，检查口人员和集卡司机双方应在“集装箱设备交接单”上签名。

（2）集装箱箱体因发生残损而不符合验收标准的，应将残损类型、部位、程度等在“集装箱设备交接单”上注明，检查口人员和集卡司机双方应在“集装箱设备交接单”上签名。若因残损十分严重而影响箱内货物的，则应通知船公司负责解决。

（3）签证后的“集装箱设备交接单”的船公司联、堆场联留码头，其余的由集卡司机带回。有残损记录的“集装箱设备交接单”，其残损情况按规定输入计算机，并交码头管理部门保存；没有残损记录的“集装箱设备交接单”，按规定统一保存。

四、VGM 业务

2014 年 11 月 21 日，国际海事组织(IMO)海上安全委员会规定从 2016 年 7 月 1 日起实施新《国际海上人命安全公约》(SOLAS)。为了人员安全、操作安全和船舶安全，公约规定：提单上列明的托运人必须在装船前，向船公司提供载货集装箱的实际箱重(Verified Gross Mass, VGM)，否则船公司将拒绝装船。托运人要对集装箱的实际质量进行验证，并提供给船方和码头经营人，以供船舶配载时使用。如果托运人未提供上述信息，船方有权拒绝该集装箱装船，码头经营人不得予以配载。

(一) SOLAS 公约加入强制 VGM 条款的目的

集装箱质量是影响船舶航行安全的主要因素。在船舶配载时，首先要考虑的就是满足船舶稳性、堆积负荷强度等安全要求。船舶积载时，如果左右舷质量出现偏差导致船舶侧倾，这种情形在装载过程中就可以及时发现，可以通过压舱水调整。如果船舶甲板堆积的集装箱超重，就会导致船体重心上移，稳性下降；如果船舶前、中、后质量分配不均，则会造成船体中拱或中垂现象，轻者会影响船舶寿命，重者会发生船体变形甚至断裂的严重后果。这两种情况在风平浪静时不易觉察，等发现时，可能就是灾难降临之时。近年来，随着集装箱运输的不断发展及船舶大型化趋势的不断升级，因托运人提供的质量不准导致的沉船事故时有发生，最为知名的是“MOL Comfore”“MSC Monterey”两艘大型集装箱船舶船体断裂下沉事件，在业界引起强烈震动。为此，国际海事组织(ISO)引入强制 VGM 条款，目的就是确保提供给船舶配载时集装箱质量准确无误，从而保证船员、船舶及货物的航行安全。

(二) SOLAS 公约 VGM 验证方法

SOLAS 公约规定托运人可以选择整体称重，也可以选择累加称重。其中：整体称重就是对载货集装箱一次性整体称重。累加称重就是对集装箱内的各类货物、底盘、衬垫、其他绑扎物品分别进行称重，然后与集装箱本身质量累加计算得出集装箱的整体质量。这种方法在拼箱货中采用较多。

(三) VGM 提供的内容

VGM 提供的主要内容有船名、航次、提单号、箱号、VGM(质量)、质量单位(kg)、VGM 联系人及联系方式、授权人签名、称重方法和集装箱质量声明书(客户通过传真、邮件等纸面方式提交)。

(四) VGM 提供方式

(1) IFTVGM(EDI 格式)的数据交换。

(2) 通过“船公司或者船代的订舱系统 VGM 提交功能”录入 VGM 数据。

(3) 若客户在亿通签订协议，在缴纳通信费用的情况下，可以直接向亿通传递 VGM 数据信息。

技能训练

阅读下面的材料，请思考：检查口业务如何实现无纸化操作，电子检查口相比传统检查口有什么优势？

2019年，由大连口岸物流网有限公司联合大连集装箱码头有限公司自主研发的码头检查口“电子操作条及重进重出业务”正式在大连集装箱码头上线运行，这是辽港集团打造智慧型港口，推进落实“互联网＋港口”战略的重要应用。

码头检查口是集装箱码头业务的“要塞”。在传统的业务模式中，纸质操作小票是集装箱卡车获许进入作业场地的唯一凭证。日常作业中，纸质操作小票保存不便且容易遗失，打印机一旦出现异常情况便会延长业务办理时间，导致检查口堵车，严重影响港口作业效率。

电子操作条通过智能检查口系统与手机微信的实时对接，改变传统纸面小票的操作模式。进入码头前，集卡司机需在集团专属电子商务平台中预先注册登录并绑定车牌号，在车辆经过检查口时，系统即会自动推送包含业务类型、车牌号、箱号、场位等信息的电子操作条。通闸后，后续业务查询及业务办理皆可通过该平台实现智能一体化操作。该系统减少传统模式下的人力、物力耗费，加快集卡通闸速度，使码头集疏运效率得到有效提升。

这种电子操作已经在越来越多的港口实施。例如：在天津港，集装箱卡车司机现只需关注“天津港电子商务网服务号”，绑定车辆信息，便可通过该服务号及时获取所需的作业信息，真正实现无纸化、便利化操作。与过去的纸质行车小票相比，电子行车小票的优势不仅加快集装箱卡车通闸速度，而且有效提升集疏运作业效率。在青岛港，作为进出口货物放行的最后一道关口，码头卡口没有看到以往排成长龙的场景，呈现在眼前的是一辆辆鱼贯而出、顺序过卡的集卡，从进卡拍照到抬杆放行，整个过程不过两三秒钟，而且现场没有一个海关关员，一切秩序井然。在深圳港，在经过试运行以后，大铲湾码头智能检查口正式投入使用。这是大铲湾码头采用最新AI识别技术的智能检查口，不仅使验箱员的作业环境从严寒酷暑的户外转移到舒适的室内，而且司机无需下车即可实现快速过闸。在大铲湾码头采用的智能检查口现场可以看到，当预约车辆缓缓驶入内贸闸道，智能检查口系统会自动将识别到的车牌号、箱号、箱型、箱体照片等数据，上传到室内验箱平台，验箱员在室内完成确认后，司机即刻收到推送的位置信息。

检查口电子操作发挥移动互联网优势，方便码头与司机之间的互通，停牌信息、停复工作业信息皆可直接推送至司机微信，帮助司机提前了解相关情况，做好作业安排，避免不必要的空跑。

（资料来源：中国水运网）

复习提高

一、选择题

1. 检查口(大门)的基本职责有(　　)。

   A. 检验集装箱箱体,进行集装箱交接

   B. 审核有关集装箱单证,磅出出口箱实际质量

   C. 配合堆场作业,指定收箱或提箱堆场箱位

   D. 进场、出场集装箱的信息汇总处理

二、判断题

1. 检查口是指集装箱卡车拖运集装箱进出集装箱码头的必经之处,是集装箱码头与拖箱人进行箱体交接、单证处理和信息记录的一个重要业务部门。(　　)
2. 检查口箱体交接时,有关集装箱的破损情况要记录到设备交接单上。(　　)
3. 卸船时空箱和重箱在堆场可以混合堆码。(　　)

三、简答题

1. 集装箱码头检查口主要工作有哪些?
2. 简述出口重箱进场作业流程。
3. 简述进口重箱出场作业流程。
4. 集装箱交接标准有哪些?

任务五　集装箱货运站业务

任务导入

集装箱货运站是进行拼箱货装箱、拆箱或双方办理交接的场所，它作为集装箱进出口业务的集中枢纽站，对进出口贸易的实际运作起到不可忽视的作用。下面我们和 Linda 一起学习集装箱货运站相关知识。

任务目标

1. 集装箱货运站的概念。
2. 集装箱货运站的类型。
3. 集装箱货运站的业务流程。

知识链接

一、集装箱货运站的概念

集装箱货运站是进行拼箱货装箱、拆箱或双方办理交接的场所，它是集装箱运输关系方的一个组成，在集装箱运输中起到重要作用。集装箱货运站在办理拼箱货的交接，配载积载后，将箱子送往堆场，并接受堆场交来的进口货箱，进行拆箱理货、保管，最后拨给各收货人，同时也可按承运人的委托进行铅封和签发场站收据等业务。

二、集装箱货运站的基本功能

(1) 对于进口是集装箱货运站交货条款交货的集装箱，安排拆箱进库、保管、发货。

(2) 对于进口是堆场交货条款的集装箱，若客户要求拆箱，则安排拆箱并装汽车、驳船、火车等。

(3) 若客户要求出口货物在码头装箱出口，则安排货物进入码头装箱。

(4) 对库存的货物进行保管、管理及有关统计管理。

三、集装箱货运站的类型

集装箱货运站根据位置和业务内容，可以分为设置于集装箱码头内的集装箱货运站、设置于集装箱码头附近的集装箱货运站以及内陆集装箱货运站。

(1) 设置于集装箱码头内的集装箱货运站。这类集装箱货运站主要处理各类拼箱货，进行出口货的拼箱作业和进口货的拆箱作业。货主托运的拼箱货：凡是出口的，均先在码头集装箱货运站集货，在货运站拼箱后，转往出口堆场准备装船；凡是进口的，均于卸船后，运至码头集装箱货运站拆箱，然后向收货人送货，或由收货人提货。一般的集装箱码头，均设有集装箱货运站。

(2) 设置于集装箱码头附近的集装箱货运站。这类集装箱货运站设在码头附近，独立设置，不隶属于集装箱码头。之所以这样设置，一般有2种原因：①缓解码头的场地紧张，作为集装箱码头的一个缓冲地带。部分集装箱码头业务繁忙，集装箱货运站规模有限或堆场紧张，拼、拆箱作业就拉到码头外集装箱货运站进行。此外，有些拼箱货卸船后，直接拉到码头外集装箱货运站，可提高码头堆场的利用率。②集装箱码头内不设集装箱货运站，在集装箱码头外设独立的货运站。

(3) 内陆集装箱货运站。这类集装箱货运站设于内陆，既从事拼箱货的拆箱、装箱作业，也从事整箱货的拆箱、装箱作业，有的还办理空箱的发放和回收工作，代理船公司和租箱公司可作为空箱的固定回收点。内陆的拼箱货或整箱货，可先在这类集装箱货运站集货、装货，然后通过铁路和公路运输，送往集装箱码头的堆场，准备装船。从口岸卸下的进口箱，经铁路和公路运输，到内陆集装箱货运站拆箱，然后送到收货人处。集装箱铁路基站或办理站，需要从事拆箱和拼箱的业务，所以通常兼有集装箱货运站的性质。集装箱公路中转站一般要进行拼箱货的拆装箱，所以同时也是集装箱货运站。

四、集装箱货运站的业务

集装箱码头内的货运站的业务可分为进口拆箱提货业务和装箱出口业务两大部分。

(一) 进口拆箱提货业务

集装箱码头货运站的拆箱提货业务包括集装箱货运站交接条款的拆箱提货和集装箱堆场交接条款的拆箱提货业务，其作业内容基本相同，主要有拆箱、库存、受理和提货等作业环节。所不同的是集装箱货运站交接条款是码头受集拼箱经营人委托，代表集拼箱经营人拆箱，而集装箱堆场交接条款是受货主或内陆承运人委托，代表货主拆箱。

(1) 拆箱。集装箱货运站交接条款由码头拆箱的，或集装箱堆场条款由于收货人无整箱提运能力或其他原因要求码头拆箱的，由码头控制室根据拆箱计划，安排机械将要拆箱的进口重箱移入码头集装箱货运站拆箱区。拆箱前，码头集装箱货运站人员和外理人员应先共同核对箱号、检验箱体和封志，再由码头人员拆箱、外理人员理货。双方对拆箱货物进行清点检验，如有货损、货差或短缺，由外理出具货物残损记录，以区分拆箱前后的责任。拆箱完成后，由外理编制理货清单，作为供收货人提货的依据。拆箱结束后，应及时将空箱清扫后移入码头指定的空箱箱区。

（2）库存。拆箱的货物应及时入库，根据货物的票数、质量、尺寸、包装等特性，选定合适的仓库货位，进行合理堆码。为便于保管和发货，通常还按票制作桩脚牌，贴于该票货物正面明显之处。桩脚牌上注明船名、航次、提单号、货名、件数、包装、质量、唛头和进库日期等信息，以便识别。货物入库后，应及时将货物信息输入计算机，保证每一票货物账货相符。对于危险货物、贵重货物应设有专门管理制度，保证货物安全无损。为加强库存管理，一般集装箱货运站仓库还实行定期盘点制度，对超期堆存的无主货，按规定及时处理，以保证集装箱货运站仓库的有效周转。

（3）受理。收货人或内陆承运人办妥进口报关报验手续后，凭提货单到码头受理台办理提货手续。受理台人员审核提货单无误、收取码头有关费用后，开具提货凭证交收货人或内陆承运人，并将提货作业计划按票输入计算机，由计算机通知码头集装箱货运站仓库做好发货准备。

（4）提货。收货人或内陆承运人提货的方式主要为公路运输，此外还包括内河水运和铁路运输，因此集装箱码头受理提货申请后，根据提运方式的不同，分别编制车提、落驳和装火车的作业计划，以按不同出库去向操作。其中：对于车提作业，码头集装箱货运站仓库应先审核收货人的提货凭证，并核对桩脚牌上的船名航次、提单号、货名、件数等内容是否一致，然后按件与收货人当面清点、验货交接。提货作业完成后，由仓库人员根据实际发货制作出门证交收货人，收货人凭出门证提运货物驶离码头。对于落驳作业，仓库人员也应先核对落驳计划与桩脚牌注明的信息，然后按落驳计划发货出库，在船边由码头人员与驳船船员当面清点、验货、装船。对于港内铁路运输，仓库人员则根据装火车计划核对后依次发货出库，由码头人员与铁路人员在车皮边当面清点、验货、装车。码头集装箱货运站提货作业结束后，仓库人员应及时将货物出库信息输入计算机，以保证货物与记录的一致性。

（二）装箱出口业务

集装箱码头货运站的装箱出口业务也包括集装箱货运站条款和集装箱堆场条款两种情况。其作业内容主要有受理、入库、装箱和出运等内容。

（1）受理。发货人根据所托运的船名、航次和船期，完成备货和出口清关后，向码头受理台申请货物进库，受理台人员审核装货单并收取有关费用后，开具入库凭证交发货人，并将作业计划输入计算机，由计算机通知集装箱货运站仓库做好入库准备。

（2）入库。码头集装箱货运站仓库人员根据入库作业计划，做好货位安排准备。发货人将货物散件送仓库，仓库人员核对入库计划与入库凭证，双方当面清点、检验、交接货物，交接完成后由仓库人员按实际情况出具仓库收据交发货人。仓库人员根据货物的提单号、货名、种类、包装、件数、尺寸、质量等不同特性对货物进行合理堆码并做好桩脚牌。入库工作结束后，仓库人员应及时将货物信息输入计算机，做到账货一致。

（3）装箱。码头集装箱货运站人员根据装箱计划核对桩脚牌，并根据货物的不同特性，选定合适的集装箱箱型和尺寸，按照装箱的技术规范合理装箱。装箱时由外理负责理货，双方对装入箱子的货物进行清点、检验，如有异常应由外理做好记录，以区分装箱前后的责任。装箱完成后，由码头人员如实填制集装箱装箱单，并在海关监管下施封。需要注意的是，对于集装箱货运站条款装箱的，应注意避免各票货物之间因物理化学性质造成货损，同时各票货物不仅为同一船名航次，而且应为同一目的港。出库装箱完成后，仓库人员应及时将作业信息输入计算机，以保持仓库的货物与记录一致。

(4) 出运。装箱完成后，码头安排将重箱及时移入出口箱区，配载人员完成船舶配载后，按船名、航次和船期组织装船出运。

技能训练

阅读下面的材料，请思考上海港的自然优势在哪里？了解上海港集装箱码头的发展，思考上海港集装箱吞吐量为何飞速发展？

上海港位于我国海岸线与长江“黄金水道”交汇点，毗邻全球东西向国际航道主干线，以广袤富饶的长江三角洲和长江流域为主要经济腹地，地理位置得天独厚，集疏运网络四通八达。上海港集装箱码头地理位置示意见图 3 - 20，主业领域包括港口集装箱、大宗散货和件杂货的装卸生产，以及与港口生产有关的引航、船舶拖带、理货、驳运、仓储、船货代理、集卡运输、国际邮轮服务等服务。

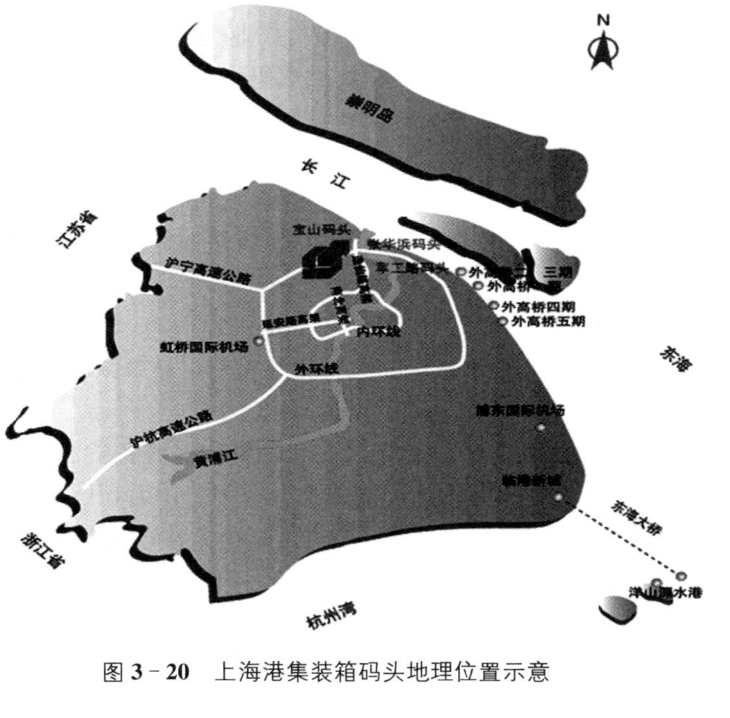

图 3 - 20　上海港集装箱码头地理位置示意

上海国际港务(集团)股份有限公司(简称上港集团)以“成为全球卓越的码头运营商和港口物流服务商”为愿景目标，致力于服务长江三角洲、长江流域和全国经济的发展，聚焦上海国际航运中心和中国(上海)自由贸易试验区建设。

2006 年，在完成政企分开和股份制改革的基础上，上港集团实现整体上市。整体上市十年来，上海港累计完成集装箱吞吐量 3.4 亿 TEU，首尾相连，足够绕地球赤道 50 圈。上海港百米岸线年吞吐量从 21 万 TEU 提高到 28 万 TEU，每台桥吊年作业量从 18 万 TEU 提升到 23 万 TEU，作业的最大船型从 9 600 TEU 提升到逾 2 万 TEU。

2017 年上海港集装箱年吞吐量突破 4 000 万 TEU，已多年蝉联世界第一。水—水中转比例超过 45%，上海港与全球 200 多个国家和地区的 600 多个港口建立贸易往来，是中国大陆集装箱航线最多、航班最密、覆盖面最广的港口。上海港国际集装箱班轮每周近 300 个航次，干支线班轮每月 3 000 多个班次。

上港集团通过中国(上海)自由贸易试验区与“21 世纪海上丝绸之路”沿线经济实体对接，参与全球港口建设开发和运作，将进一步拓展国际营运网络，强化港口核心业务的竞争力，并加深与国际港口及航运企业的战略合作。

上海港的集装箱码头主要分布于洋山、外高桥、吴淞三大港区。洋山港区水深达到 −16 m，已建成 16 个集装箱深水泊位，码头岸线总长 5 600 m，配置集装箱桥吊 64 台，其中 29 台为具有世界先进水平的双 40 英尺双起升桥吊，主要承担大型远洋干线船舶的装卸作业，能满足世界最先进的超大型集装箱船全天候满载进出，运营公司为盛东公司、冠东公司；外高桥港区位于长江入海口南岸，共有集装箱泊位 19 个，码头岸线总长 6 578 m，配置集装箱桥吊 82 台，主要承担近洋航线和远洋航线船舶的装卸作业，运营公司为浦东公司、振东分公司、沪东公司、明东公司；吴淞港区位于黄浦江下游，共有集装箱泊位 7 个，岸线总长 1 641 m，配置集装箱桥吊 14 台，为内贸集装箱作业港区，运营公司为宜东分公司。

复习提高

一、填空题

1. 集装箱货运站按其所处的地理位置和职能的不同，可分为(　　)集装箱货运站、(　　)集装箱货运站和(　　)集装箱货运站三种。
2. 集装箱货运站的主要职能是(　　)和箱务管理。
3. 集装箱货运站的作用之一是代理船公司作为(　　)的场所。

二、判断题

1. 集装箱货运站在整个集装箱运输系统中发挥了“承上启下”的重要作用。(　　)
2. 从事出口业务的集装箱货运站需经海关批准。(　　)
3. 设置于码头附近的集装箱货运站可作为集装箱码头的缓冲箱堆场。(　　)

三、简答题

1. 货运站的基本功能和类型有哪些?
2. 简述集装箱码头内的货运站进口拆箱提货业务和装箱出口业务的流程。

模块四
集装箱海运业务

学习导入

集装箱水路运输是指采用船舶载运集装箱或空箱在各港口间运输的集装箱运输方式，以其长距离、大运量、低成本的特点在集装箱运输系统中占据重要地位。基于不同角度，集装箱水路运输可以分成不同类型。按集装箱运输地域，集装箱水路运输可分为海上运输和内河运输，其中：海上运输包含集装箱远洋运输和集装箱沿海运输；内河运输一般称为内支线运输，是指在国内主要河流、湖泊中进行的集装箱水路运输。

本模块会带领大家学习跨国海上运输业务，主要包括集装箱海运出口业务和海运进口业务 2 个方面。

学习目标

1. 知识目标

(1) 了解并熟练掌握集装箱海运的业务流程。

(2) 了解并熟练掌握集装箱海运的常用单据。

2. 技能目标

(1) 掌握设备交接单的填制和流转程序。

(2) 掌握集装箱装箱单的填制和作用。

(3) 掌握集装箱提货单的主要内容和作用。

任务一

集装箱海运出口业务流程

任务导入

Linda在学习集装箱运输基础知识和集装箱码头业务后，急切地想学习国际集装箱海运进出口业务。下面我们和Linda一起学习集装箱海运出口业务流程相关知识。

任务目标

1. 集装箱海运出口操作流程。
2. 集装箱海运出口操作相关方主要业务。

知识链接

一、集装箱货物出口海运一般流程

集装箱货物出口海上运输程序主要包括订舱、承运、发放空箱、货物装运交接、报检报关、货物交接签证、换取提单和装船等环节。下面就传统纸质单证操作模式下海运出口的业务流程进行说明。

(一) 订舱

订舱是指发货人(在FOB价格条件下也可以是收货人)或委托其代理人根据贸易合同或信用证条款的规定，向船公司或其代理人在其所营运或代理的船舶的截单期前预订舱位的行为。所谓截单期，就是该船接受订舱的最后日期，截单期一般在预订装船日期前几天，以便报关、报检、装箱、集港、制单等项工作的进行。一般发货人委托货运代理人来办理有关订舱的业务。在订舱时，货运代理人要填制场站收据联单等单据或者网上订舱。

资料卡

订舱

订舱又称“暂定订舱”，是指发货人或托运人根据贸易合同或信用证的有关规定，向船公司或其代理人、经营人申请订舱，填制订舱单。若发货人已与货运代理签订运输合同，则由货运代理代替发货人向船公司或其代理人申请订舱。订舱单的内容主要有：①启运港和目的港；②每箱的总质量；③集装箱的种类、箱型和数量；④在备注中注明特种箱的特性和运输要求。接受托运申请又称“确定订舱”。接受托运申请前，船公司或其代理人应考虑航线、港口、运输条件等能否满足托运人的具体要求；接受托运申请后，船公司或其代理人应着手编制订舱清单分送码头堆场和货运站，据以安排空箱调动和办理货运交接手续。

（二）承运

承运是指船公司或其代理人对订舱申请的书面确认行为。船公司或其代理人要考虑其航线、船舶、运输要求、港口条件、运输时间等方面能否满足发货人的要求，从而决定是否接受发货人的托运申请。一旦接受托运申请，船公司或其代理人审核场站收据联单中的托运单，确认无误后，在场站收据联单中的装货单上签章，确认订舱承运货物。同时，船公司或其代理人根据托运单编制订舱清单，分送集装码头堆场和集装箱货运站，以便据此安排空箱发放及办理货运交接。

（三）发放空箱

通常，集装箱是由船公司免费提供给货主或集装箱货运站使用的，货主自备箱的比例较小。整箱货运输时，空箱由发货人或其代理人到指定的集装箱码头堆场领取；拼箱货运输时，则由集装箱货运站负责领取空箱，而且在领取空箱时，必须提交集装箱发放通知书。办理交接时，双方应对集装箱及其附属设备的外表状况进行检查，并分别在设备交接单（出场）上签字确认。

（四）货物装箱集港

领取集装箱后即可组织货物装箱，整箱货和拼箱货的装箱和运输交接作业不同。对于整箱货，发货人自行装箱或委托货代装箱，并填制装箱单。发货人负责通过内陆运输将已装货物的重箱运至集装箱码头堆场待运。码头堆场对重箱进行检验后，与货方共同在设备交接单（进场）上签字确认，并根据订舱清单，核对场站收据和装箱单，接收货物。对于拼箱货，发货人将不足一整箱的货物运至集装箱货运站，货运站根据订舱清单的资料，核对无误后接管货物。集装箱货运站将分属于不同货主的零星货物拼装到同一个集装箱内，并填制装箱单，按照船公司重箱进港的要求将重箱送到码头堆场待运。通常，提空箱和装箱集港业务，牵涉到船公司、国际货运代理、集装箱拖车公司、集装箱码头堆场和货主等相关当事人，具体操作流程见图 4－1。

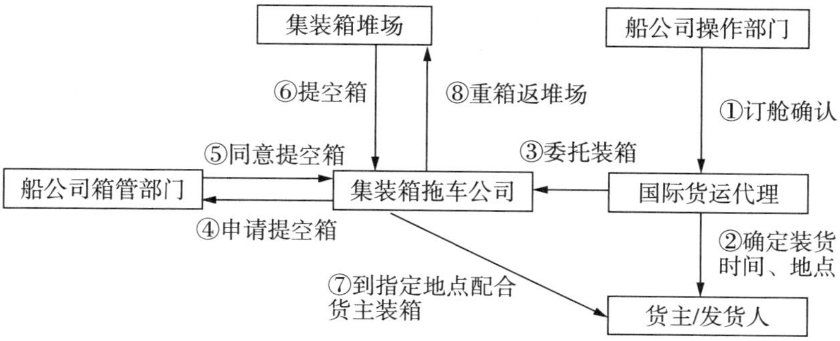

图 **4－1**　集装箱货物装箱集港流程

（五）关检融合下报关

为认真贯彻执行党中央、国务院下发的《有关深化党和国家机构改革方案》，海关总署制定《全国通关一体化关检业务全面融合框架方案》，明确海关、原国检申报系统及数据合并整合，实现五个统一（申报统一、系统统一、风控统一、指令下达统一、现场执法统一），并于 2018 年 8 月 1 日起正式实施。中国国际贸易单一窗口全面进行关检融合报关。

从货物装箱后，至集装箱货物装船前至少 24 h 前这段时间，发货人或代理人可以进行出口报关操作。海关审核查验后对出口货物予以放行。

（六）签发场站收据

对于整箱货，集装箱码头堆场在验收货箱后，即在场站收据上签字，并将签署的场站收据交还给发货人。对于拼箱货，集装箱货运站在验收接管货物后，即签署场站收据给发货人。

（七）换取提单

发货人凭经签署的场站收据，向船公司或其代理人换取提单，然后去银行结汇。集装箱提单属于收货待运提单，若信用证规定需要装船提单，则应在集装箱装船后，经船长或大副签证，才能换取已装船提单。在大多数情况下，船公司根据发货人的要求，在提单上填注具体的装船日期和船名后，该收货待运提单也便具有与已装船提单同样的性质。

（八）装船

集装箱码头根据接受待装的货箱情况、船舶性能和装载情况、订舱清单以及场地积载计划等，制订装船计划（装船实配图），等船靠泊后，经船方确认，即行装船。至此，集装箱货物出口海上运输程序结束。

（九）危险品货物操作

国际货运代理企业操作员在取得船方同意装载危险品的订舱确认后，要在集装箱货物托运单上标明危险品类别、联合国危规编号。危险品货物包装上无危险品标志时，危险品报关员应将危标交给装箱人，将大危标贴在集装箱四侧，小危标贴在货物外包装上。危险品报关员负责现场监装并填写集装箱装运危险货物装箱证明书，负责向部海事局申报并提供下列单证：《危险货物安全适运申报单》（一式三份）；《集装箱装运危险货物装箱证明书》（一式两份）；《出境危险货物运输包装使用鉴定结果单》（一份）；《出境货物运输包装性能检验结果单》（一份）。外勤人员负责将部海事局签章的《包装危险货物安全适运申报单》和《集装箱装运危险货物装箱证明书》各一份交船公司或其代理。

（十）冷藏保鲜货操作

货运代理企业人员得到船公司接受冷藏箱的订舱确认后，在集装箱货物托运单和装箱单上注明设定温度和箱型。在装船前，对未达到设定温度的冷藏箱，要求货主出具装船保函。

二、出口相关方主要业务内容

对于发货人、船公司及其代理人、集装箱码头堆场及集装箱货运站各业务单位在集装箱货物出口运输中的业务环节与内容见表 4－1。

表 4－1　集装箱货物出口海上运输有关方的业务环节与内容

有关方	业务环节与内容
发货人（或货代）	①订立贸易合同；②备货；③租船订舱（如以 CIF、C&F 价格条件成交）；④报关报检；⑤货物装箱与托运，并取得场站收据；⑥投保（如以 CIF 价格条件成交）；⑦支付运费（预付运费），并凭场站收据取得船公司或者船代签发的提单；⑧向收货方（买方）发送装船通知（如以 FOB 价格条件成交）
船公司（或船代）	①承揽待运的货源；②配备集装箱；③受理托运；④接受货物，视交付条款不同，接受货物地点可能为码头堆场、货运站或发货人的工厂；⑤办理船舶联检与靠泊手续；⑥装船（由码头负责进行）；⑦向发货人或货代签发正本提单，并向有关方制送相关的装船单证；⑧办理船舶联检和离港手续，驶离卸货港
集装箱码头堆场	①集装箱的交接，发放空箱、接收重箱，并向发货人签发场站收据；②制订堆场作业计划；③集装箱的装船，并签发相关单证；④对堆存在场内的冷藏箱、危险品箱等特殊集装箱进行处理
集装箱货运站	①办理拼箱货物交接，并向发货人签发场站收据；②配箱、装箱；③制作装箱单和出具危险品集装箱装箱证明；④在海关监管之下加海关封志，并将装载的货箱运至码头堆场

三、出口流程

集装箱货物出口业务流程见图 4－2。

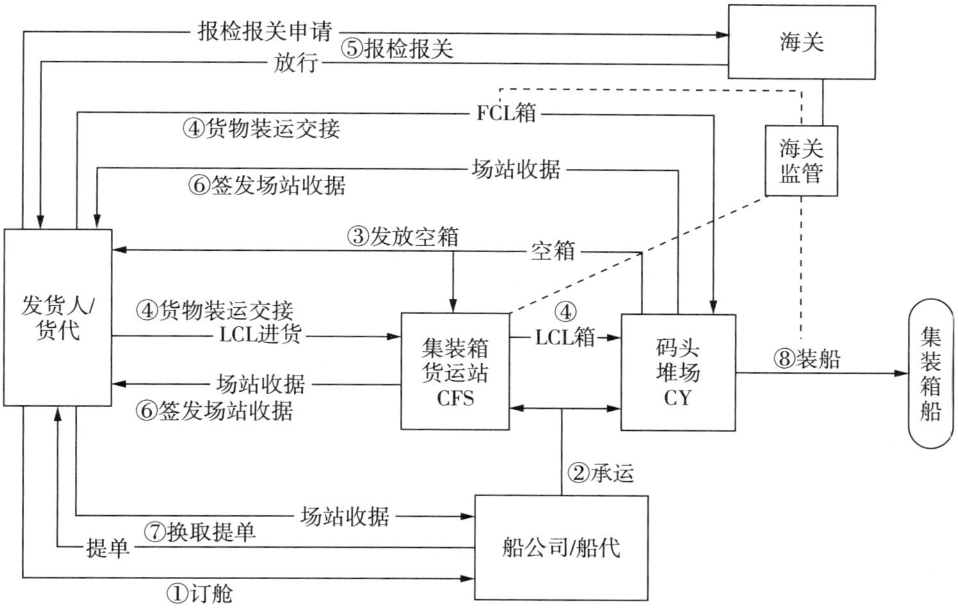

图 **4－2**　集装箱货物出口业务流程

技能训练

阅读下面的材料，分析讨论集装箱海运出口过程中相关方的责任义务。

2018年，发货人中国A进出口公司委托B对外贸易运输公司将750箱海产品从上海港出口运往印度，B对外贸易运输公司又委托其下属S分公司代理出口。S分公司接受委托后，向P远洋运输公司申请舱位，P远洋运输公司指派箱号为HTM-5005等3个满载集装箱后签发清洁提单，同时发货人在中国人民保险集团股份有限公司(简称中国人保)处投保海上货物运输的战争险和一切险。货物运抵印度港口，收货人拆箱后发现部分海产品因箱内不清洁而腐烂变质，即向在印度的代理人申请查验。检验结果表明，250箱海产品被污染。检验货物时，船方的代表也在场。为此中国人保在印度的代理人赔付收货人的损失之后，中国人保向人民法院提起诉讼。现问：①在集装箱运输中，P远洋运输公司应负有什么义务？它是否应对损失负责？②在集装箱运输中，S分公司应负有什么义务？它是否应对损失负责？③中国人保是否是适格的原告？为什么？④如果中国人保有资格作原告，它应将谁列为被告？

复习提高

一、选择题

1. 下列哪项不是集装箱班轮运输出口业务中的环节。（　　）

A. 接受委托　　B. 接受订舱　　C. 托运　　D. 承运

2. 下列哪项不是场站收据副本的名称。（　　）

A. 订舱单　　B. S/O　　C. D/R　　D. 关单

3. 下列场站收据联单中，向船公司换取正本提单的单据是（　　）。

A. 装货单　　B. 场站收据　　C. 货代留底联　　D. 船代留底联

4. 设备交接单的当事人是（　　）。

A. 发货人与承运人　　B. 收货人与承运人

C. 用箱人与箱主　　D. 租箱人与租箱公司

二、操作题

1. 将下列业务与具体操作对象进行匹配：①委托货运代理企业出口 500 000 t 货物的国际运输事宜；②办理 10 个集装箱海运货物的订舱事宜；③接受货主或货代的订舱；④将进口拼箱货物进行拆分；⑤将进口集装箱从班轮上卸下。

A. 货运站　　B. 货主　　C. 货运代理人　　D. 船舶代理人

E. 港口

三、简答题

1. 集装箱主要出口业务流程有哪些？

2. 集装箱出口业务中主要牵涉到哪些单证？

任务二　集装箱海运出口主要单证

任务导入

在国际贸易中，单证具有十分重要的地位，无论是商品的交易、货款的支付，还是货物的运输无不以单证作为办理各种手续和实现货物交接的凭证。货运单证是专门用于办理运输手续和进行货物交接的重要文件。因此，货运单证是集装箱运输从业人员必须掌握的知识。下面我们和 Linda 一起来学习在海运集装箱货物出口中的单证及其作用，单证之间的关系以及流转程序，重要出口单证的缮制和无纸化操作等知识。

任务目标

1. 集装箱海运出口单证填制。
2. 集装箱海运出口单证流转程序。

知识链接

一、场站收据联单

为了方便，在集装箱运输出口业务中，我国港口以前一般统一使用一种托运联单，该单据一式十联，称为场站收据联单，又称场站收据、港站收据、码头收据。场站收据既是货物的托运单、订舱单，也是承运人签发证明已收到托运货物并开始对货物负责的凭证，其将货物托运单、装货单、大副收据、理货单、配舱回单、运费通知单等汇成一份综合性单证。场站收据各联的名称和作用见表 4 - 2。

表 4 - 2　场站收据各联的名称和作用

顺序	名称	颜色	主要用途
1	集装箱货物托运单——货方留底	白色	系托运合同，托运人留存备查
2	集装箱货物托运单——船代留底	白色	系托运合同，据此编制装船清单、积载图、预制提单等

表 4－2(续表)

顺序	名称	颜色	主要用途
3	运费通知(1)	白色	计算运费
4	运费通知(2)	白色	运费收取通知
5	装货单——场站收据副本(1)	白色	货代报关单证之一，并作为海关许可放行的证明
	缴纳出口货物港杂费申请书	白色	港方计算港杂费
6	场站收据副本(2)——大副联	粉红色	船舶报关单证之一，并证明货已装船，由船上留存备查
7	场站收据	淡黄	报关单证之一，船代凭此签发提单
8	货代留底	白色	缮制货物流向单
9	配舱回单(1)	白色	货代缮制提单等
10	配舱回单(2)	白色	据回单批注修改提单或运输计划

场站收据一般是托运人与班轮公司或船舶代理人达成货物运输协议后，由托运人填制，并在承运人委托的码头堆场、集装箱货运站或内陆货运站收到货物后签字生效。货物装船后，托运人可凭场站收据向船舶代理人换取已装船提单。需要注意：在托运人委托货运代理人办理货运业务，并由货运代理人代为填制场站收据的情况下，托运人和货运代理人之间还需另行制作货运代理委托书(或类似文件)，作为货运代理人实施代理业务工作的依据。场站收据(第七联)见图 4－3。

拓展阅读

场站收据的使用

场站收据是集装箱运输专用的货运单证，不同的港口、货运站使用的格式不尽相同，有七联、九联、十联、十二联不等。在集装箱货物出口托运过程中，场站收据要在多个机构和部门之间流转，所涉及的关系人有托运人、货代、船代、海关、码头堆场、理货公司、船长或大副等。

由于集装箱业务的快速发展，电子数据交换在海关、船公司、船代、货代间的广泛应用，货代为货主代为制作集装箱托运单现象的普遍存在等因素，原先针对场站联单设计的单证流转程序也发生很大的变化。以上海港为例，实际操作中已将场站收据联单由原先的十联单简化为四联，即第五联装货单、第五联(附页)缴纳出口货物港务申请书、第六联场站收据副本大副联和第七联场站收据联；货物装船后，场站正本收据所代表的货物已装船的凭证被电子确认信息替代货运代理人可直接到船代申领已装船提单。

Shipper（发货人）			D/R No.（编号）		
Consignee（收货人）			场站收据 DOCK RECEIPT		第七联
Notify Party（通知人）			Received by the Carrier the Total number of containers or otherpackages or units stated below to be transported subject to the termsand conditions of the Carrier's regular form of Bill of Loading (forcombined Transport or Port to Port Shipment) Which shall be deemedto be incorporated herein. Date（日期）:		
Pre-carriage by（前程运输）	Place of Receipt（收货地点）				
Ocean Vessel（船名） Voy. No.（航次）	Port of Loading（装货港）				
Port of Discharge（卸货港）	Place of Delivery（交货地点）			Final Destination for the Merchant's Reference(目的的)	
Container No.（集装箱号）	Seal No.（封志号）Marks & Nos.（标记与号码）	No of containers or p'kgs.（箱数或件数）	King of Package: Description of Goods（包装种类与货名）	Gross Weight 毛重(公斤)	Measurement 尺码(立方米)
TOTAL NUMBER OF CONTAINERSOR PACKAGES (IN WORDS) 集装箱数或件数合计(大写)					
Container No.（箱号）	Seal No.（封志号）	Pkgs.（件数）	Container No.（箱号）	Seal No.（封志号）	Pkgs.（件数）
			Received（实收）	By Terminal clerk（场站员签字）	
FREIGHT & CHARGES	Prepaid at（预付地点）	Payable at（到付地点）	Place of Issue（签发地点）		
	Total Prepaid（预付总额）	No. of Original B(s)/L（正本提单份数）	BOOKING（订舱确认）		
Service Type on Receiving	Service Type on Delivery		Reefer Temperature Required（冷藏温度）	°F	℃
—CY —CFS —DOOR	—CY —CFS —DOOR				
TYPE OF GOODS（种类）	Ordinary.（普通）	Reefer.（冷藏）	Dangerous.（危险）	Auto.（裸装车辆）	危险品 Class: Property: IMDG Code Page: UN No.
	Liquid.（液体）	Live Animal.（活动物）	Bulk.（散货）		

图 4-3　场站收据(第七联)

二、集装箱设备交接单

(一) 集装箱设备交接单简介

集装箱设备交接单(Equipment Interchange Receipt，EIR)是指集装箱所有人或租用人委托集装箱装卸区、中转站或内陆站与货方即用箱人或其代表之间交接集装箱及承运设备的凭证。

（二）设备交接单电子化

自 20 世纪 90 年代初 EIR 投入使用至今，纸质单证领取、传递模式严重滞后于港口吞吐量增长和信息化的需要，是传统集疏运业向现代集疏运业发展的瓶颈。EIR 电子化是集疏运体系信息化的基础，是集疏运体系突破发展瓶颈、实现降本增效的关键，是港区吊装作业削峰平谷提高效率的有效措施，有利于缓解城市道路交通压力，缓解人车争路的社会矛盾；同时其也是建设绿色智能港口，打造节能环保集疏运体系，以及建设一流国际航运中心的需要。2018 年 7 月，上海口岸沿用近 30 年的集装箱设备交接单全面电子化。上海 eEIR 系统平台主要包括船公司/船代、放箱代理、车队和码头堆场等 4 个模块，见图 4－4。目前，平台已具备以下功能：船公司批量更改提还箱点、EIR 信息导入、放箱代理 EIR 批量派发、车队 EIR 批量接单、车队大票提箱等。

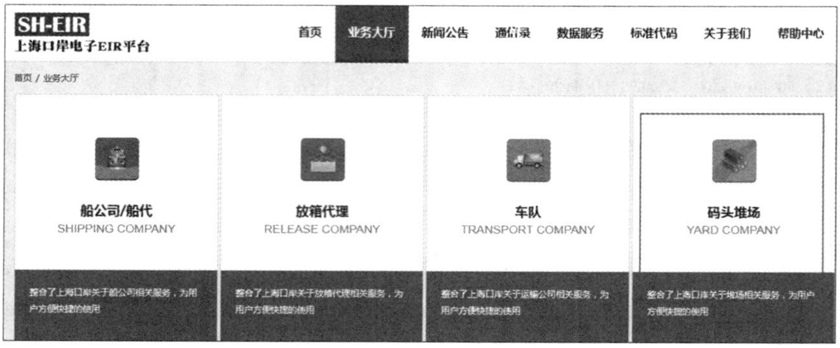

图 **4－4**　上海 eEIR 系统平台构成界面

（1）船公司管理员通过船公司模块，对各码头堆场、放箱公司等进行统一授权管理，帮助船公司工作人员实时管理码头堆场和放箱公司的权限设置。

（2）放箱公司管理员通过放箱代理模块，对放箱申请和电子设备交接单的派发实行统一管理，规范放箱公司的组织运营，帮助放箱公司工作人员实时管理本放箱公司内的所有信息和 EIR 派单等情况的追踪。

（3）车队管理员通过车队模块，对车队内部人员和车辆资质实行统一管理，规范车队的组织运营，帮助车队调度工作人员实时管理本车队内的所有司机档案、车辆信息、电子设备交接单的接单/派单等情况的追踪。

（4）码头堆场管理员通过码头堆场模块，对放箱公司进行统一授权管理，帮助码头堆场工作人员实时进行进出场交接放行与确认，同时可实时追踪电子设备交接单的录入、冻结、核销等各类情况。

资料卡

对于有特殊情况的订单可进行 EIR 冻结，待问题处理完成后可进行取消冻结操作，对于已完成或需要结束的 EIR 可直接进行核销操作。

(三) 电子设备交接单业务

1. EIR 作业情况查询界面

如需查询 EIR 作业情况，可以进入平台网站，右上角输入详细 EIR 编号/箱号/提单号，点击搜索进行查询，或点开下方“展开筛选”，筛选条件并进行查询，见图 4－5。

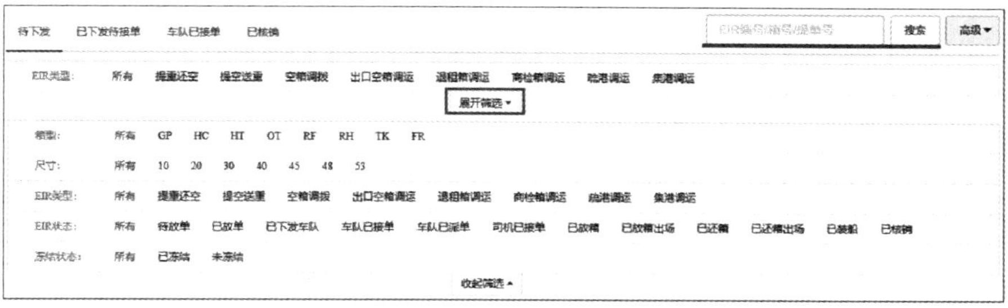

图 **4－5**　EIR 作业情况查询界面

2. 进场 EIR 放行

需要办理进场提、还箱作业的 EIR 可在 EIR 平台“业务大厅”→“码头堆场”→“进场 EIR 放行”中进行查看，见图 4－6。

图 **4－6**　进场 EIR 放行界面

3. 放箱确认

已进场等待提箱的车辆，在码头/堆场完成放箱至车辆上的操作后，操作员通过平台进行手动确认，见图 4－7。进码头/堆场进行还箱作业的司机，在完成还箱至码头/堆场的操作后，操作员通过平台手动确认还箱成功。

4. 箱状况交接

提箱点码头/堆场的道口人员，进入平台“业务大厅”→“码头堆场”→“出场交接放行”，通过扫描枪扫描司机所提供的二维码，或手动输入 EIR 编号，EIR 平台自动带出 EIR 信息，见图 4－8。核对信息后，若箱况正常、无残损，则堆场/码头道口人员直接在平台点击提交，完成交接确认；若存在残损，则堆场/码头道口人员直接在平台录入残损信息，点击“提交”，完成交接确认，见图 4－9。

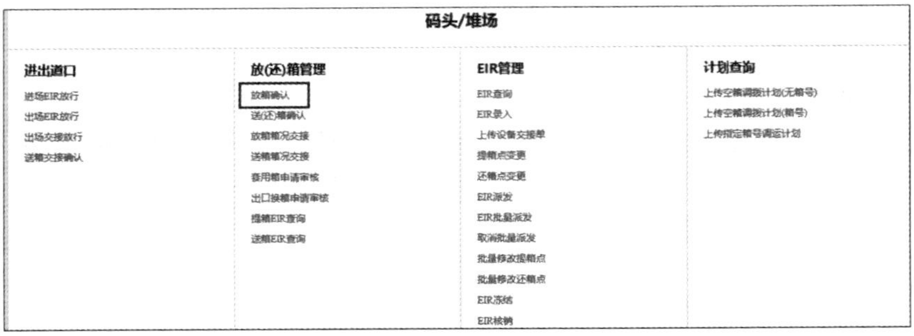

图 **4－7**　放箱确认界面

图 **4－8**　电子设备交接单表头

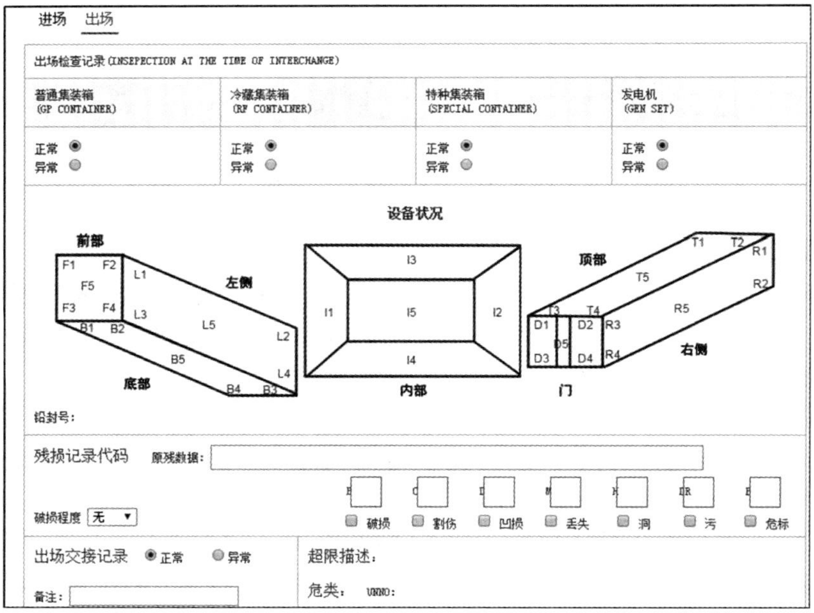

图 **4－9**　箱状态交接界面

三、集装箱装箱单

（一）集装箱装箱单概念

集装箱装箱单(Container Load Plan，CLP)是详细记载集装箱内货物的名称、数量等内容的单据，按照货物在集装箱内从前端至箱门的顺序进行填写，每一载货的集装箱都要根据已装进集装箱内的货物制作装箱单。无论是由货主自行装载的整箱货，还是集装箱货运站负责装载的拼箱货，装箱人都要负责制作集装箱装箱单。装箱单一式五联，分别为码头联、船代联、承运人联及两份发货人/装箱人联。

集装箱装箱单是详细记载每个集装箱内所装货物情况的唯一单据。其主要用途有：①在装货地点，可作为向海关申报货物出口的代用单据；②作为发货人、集装箱货运站与集装箱码头堆场之间的货物交接单；③作为通知承运人集装箱内所装货物的明细表；④在卸货地，作为办理集装箱保税运输手段的单据之一；⑤装箱单上所记载的货物与集装箱的总质量是计算船舶吃水差、稳定性的基本数据。因此，集装箱装箱单内容的记载准确与否，与保证集装箱货物的安全运输有着密切的关系。

（二）电子装箱单

电子装箱单是根据中华人民共和国交通运输部规定格式，结合港口业务运作情况制定的出口装箱单电子单证，一个自然重箱的一份装箱单可以对应一份电子装箱单，也可以将同一船舶、航次的若干装箱单组成一份电子装箱单。电子装箱单上所载事项必须与纸面装箱单中相应事项完全一致。在上海港EDI模式下，电子装箱单录入界面见图4-10。

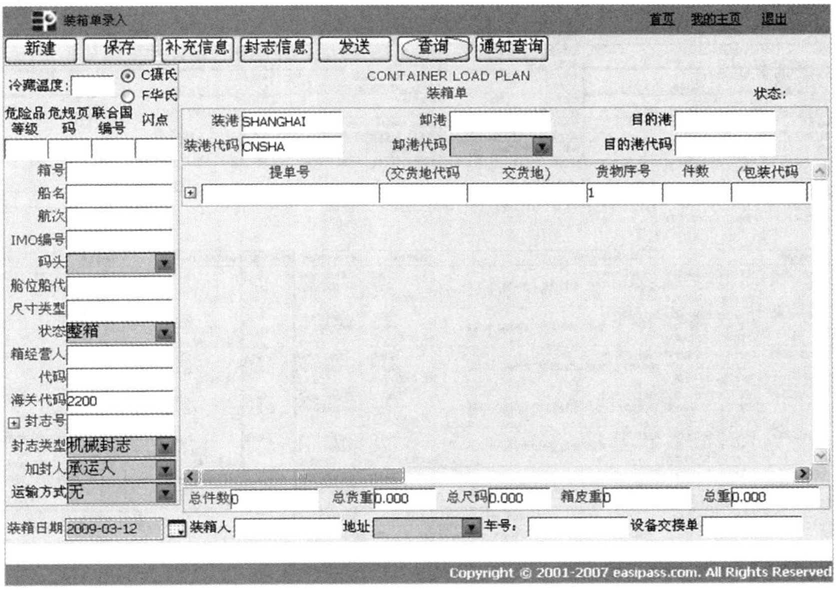

图4-10　电子装箱单录入界面

电子装箱单带来的经济效益和社会效益主要有：①纸质装箱单都是随车由司机带到码

头道口，再由道口的工作人员输入各自计算机系统内，由于码头不能事先得到这方面资料，影响箱子进场安排和道口通行速度，因此采用电子传输可使码头在车到之前及时得到装箱单信息，车到后道口只要作简单确认即可，便于码头安排进场作业，道口通行能力也大大加快，使码头获得极大的经济效益；②电子装箱单的实施推动出口舱单电子化的顺利实现，提高外贸运作效率、缩短货主的出口时间、避免因单证不符而造成货主出口退税的延误；③电子装箱单的实施使船舶代理可以根据码头提供的已进电子装箱单、理货提供的反映箱子实际装船情况的装船报告和出口船图，及时缮制出口舱单并交给船公司；④电子装箱单可以为出口部门提供数据，带动整个出口一条线的电子化运作，加快出口运输以及口岸与国际接轨的进程，改善口岸形象。

四、关检融合报关单

为贯彻落实《深化党和国家机构改革方案》的统一部署，根据《全国通关一体化关检业务全面融合框架方案》的具体要求，海关总署于 2019 年 8 月 1 日完成关检申报项目的整合工作，取消入境/出境货物报检单，报关报检合并为一张报关单及一套随附单据，全国所有关区全面切换为新报关单，用户将转由中国国际贸易单一窗口标准版、“互联网＋”海关全面接入，申报新版报关单数据，见图 4－11。在关检融合统一申报系统上线之后，通过单一窗口申请，只需要一次登记，就能同时进行报关报检，不再需要在海关、检疫分别备案注册，经历两套不同的系统，结束外贸企业关检“两头跑”的时代。对于需要查验和检验检疫的集装箱货物，海关只需在查验现场一次检验就能同时完成对货物的查验和检验检疫，且在获得放行指令之后，即可一次放行。

中华人民共和国海关出口货物报关单

预录入编号：310520180000000001　　海关编号：310520180000000001　（清远海关）　　页码/页数：1/2

境内发货人　（1101919107AAAAAAAA） 北京新时代大恒科技股份有限公司天津分公司	出境关别　（5103） 清远海关	出口日期 20180503	申报日期 20180503	备案号 C04025004321
境外收货人　AEO SG123456789012 Singapore American Eagle Outfitters Ltd .company	运输方式　（0） 非保税区	运输工具名称及航次号 SUNNY DAISYDSKKYITS/1701W	提运单号 NASLGKMCCA000100 DSAD	
生产销售单位　（1101919107AAAAAAAA） 北京新时代大恒科技股份有限公司天津分公司	监管方式　（1234） 保税区仓储转口	征免性质　（101） 科技重大专项	许可证号 11-11-1111111111111111	
合同协议号 LSC20170627SH79036	贸易国（地区）　（702） 联合国及机构和国际组织	运抵国（地区）　（702） 联合国及机构和国际组织	指运港　（109） 朝鲜民主主义人民共和	
包装种类　（6PA1） 玻璃、陶瓷、粗陶器在钢桶内复合包	件数 10000　毛重（千克）529788520788.76877	净重（千克）529788520788.76877　成交方式（5）市场价	运费 502/219802.9091/3　保费 502/219802.9091/3	杂费 502/219802.9091/3

随附单证
随附单证1：出口许可证11-11111111111　　随附单证2：合同；发票；装箱单

标记唛码及备注
备注：表头基本信息录入：3-3，2-2，4-4　　集装箱标箱数及号码：10；JZX1100002；JZX1100003；JZX1100004；JZX1100005；JZX1100006；JZX1100007；JZX1100008；JZX1100009；JZX1100010；JZX1100011　　关联报关单号：010020181000523324

项号	商品编号	商品名称及规格型号	数量及单位	单价/总价/币制	原产国（地区）	最终目的国（地区）	境内货源地	征免
1 (2)	6006210000 999	棉制其他漂或未漂针织或钩编织物 1|3|针织方法：针织|染整方法：色织|面料成份：67%棉，33%涤纶|幅宽：57/58英寸	960米 960米 960.00000千克	100000.0000 96000000.00 美元	中国 (142)	美国 (502) 工缴费：40	（11093）中关村国家自主创新示范区（门头沟园）	照章征税 (1)
2 (5)	6006210000 999	棉制其他漂或未漂针织或钩编织物 1|3|针织方法：针织|染整方法：色织|面料成份：67%棉，33%涤纶|幅宽：57/58英寸	960米 960米 960.00000千克	100000.0000 96000000.00 美元	中国 (142)	美国 (502) 工缴费：40	（11093）中关村国家自主创新示范区（门头沟园）	照章征税 (1)
3 (12)	6006210000 999	棉制其他漂或未漂针织或钩编织物 1|3|针织方法：针织|染整方法：色织|面料成份：67%棉，33%涤纶|幅宽：57/58英寸	960米 960米 960.00000千克	100000.0000 96000000.00 美元	中国 (142)	美国 (502) 工缴费：40	（11093）中关村国家自主创新示范区（门头沟园）	照章征税 (1)
4 (13)	6006210000 999	棉制其他漂或未漂针织或钩编织物 1|3|针织方法：针织|染整方法：色织|面料成份：67%棉，33%涤纶|幅宽：57/58英寸	960米 960米 960.00000千克	100000.0000 96000000.00 美元	中国 (142)	美国 (502) 工缴费：40	（11093）中关村国家自主创新示范区（门头沟园）	照章征税 (1)
5 (17)	6006210000 999	棉制其他漂或未漂针织或钩编织物 1|3|针织方法：针织|染整方法：色织|面料成份：67%棉，33%涤纶|幅宽：57/58英寸	960米 960米 960.00000千克	100000.0000 96000000.00 美元	中国 (142)	美国 (502) 工缴费：40	（11093）中关村国家自主创新示范区（门头沟园）	照章征税 (1)
6 (19)	6006210000 999	棉制其他漂或未漂针织或钩编织物 1|3|针织方法：针织|染整方法：色织|面料成份：67%棉，33%涤纶|幅宽：57/58英寸	960米 960米 960.00000千克	100000.0000 96000000.00 美元	中国 (142)	美国 (502) 工缴费：40	（11093）中关村国家自主创新示范区（门头沟园）	照章征税 (1)

特殊关系确认：是　　价格影响确认：是　　支付特许权使用费确认：是　　自报自缴：是

申报人员　　申报人员证号　　电话　　兹申明对以上内容承担如实申报、依法纳税之法律责任　　海关批注及签章

申报单位　（1101919107AAAAAAAA）北京新时代大恒科技股份有限公司天津分公司　　申报单位（签章）

图 4－11　关检融合报关单样本

（1）整合原报关、报检申报数据项。在前期征求各部委、报关协会、部分报关企业意见

的基础上，按照依法依规、去繁就简的原则，对海关原报关单和检验检疫原报检单申报项目进行梳理整合，通过合并共有项、删除极少使用项，将原报关、报检单合计 229 个货物申报数据项精简到 105 个，大幅减少企业申报项目。

（2）原报关报检单整合形成为一张报关单。整合后的新版报关单以原报关单 48 个项目为基础，增加部分原报检内容形成具有 56 个项目的新报关单格式。此次整合对进出口货物报关单和进出境货物备案清单布局结构进行优化，版式由竖版改为横版，与国际推荐的报关单样式更加接近，纸质单证全部采用普通打印方式，取消套打，不再印制空白格式单证。修改后的进出口货物报关单和进出境货物备案清单格式自 2018 年 8 月 1 日起启用，原报关单、备案清单同时废止，原出入境货物报检单同时停止使用。

（3）原报关报检单据单证整合为一套随附单证。整合简化申报随附单证，对企业原报关、报检所需随附单证进行梳理，整理随附单证类别代码及申报要求，整合原报关、报检重复提交的随附单据和相关单证，形成统一的随附单证申报规范。

（4）原报关、报检参数整合为一组参数代码。对原报关、报检项目涉及的参数代码进行梳理，参照国际标准，实现现有参数代码的标准化。梳理整合后，统一 8 个原报关、报检共有项的代码，包括国别（地区）代码、港口代码、币制代码、运输方式代码、监管方式代码、计量单位代码、包装种类代码、集装箱规格代码等。具体参数代码详见：海关总署门户网站→在线服务→通关参数→关检融合部分通关参数查询及下载。

（5）原报关报检申报系统整合为一个申报系统。在申报项目整合的基础上，将原报关报检的申报系统进行整合，形成一个统一的申报系统。用户由“互联网＋”海关、国际贸易单一窗口接入。新系统按照整合申报内容对原有报关、报检的申报数据项、参数、随附单据等进行调整。整合申报项目主要是对海关原报关单申报项目和检验检疫原报检单申报项目进行梳理，报关报检面向企业端整合形成“四个一”，即“一张报关单、一套随附单证、一组参数代码、一个申报系统”。

五、集装箱提单

集装箱提单是将货物装于集装箱内进行海运所签发的提单，在应用中，人们常把集装箱提单作为集装箱海运提单、联运提单、多式联运提单的泛称。实际上集装箱提单与联运提单、多式联运提单在提单的签发人、责任范围等方面是有所区别的。为明确这种区别，许多承运人的集装箱提单虽然以“联运提单”命名，但都列出专门条款表明对单一海运的适用。例如：原中远集装箱运输有限公司的集装箱提单名为“Port-to-Port or Combined Transport BILL OF LADING”，同时在提单背面第 4 条“承运人的责任”中详细规定承运人的责任范围。集装箱提单样本见图 4－12。

与传统的海运提单一样，集装箱提单也有正面内容和背面条款之分。正面内容记载有关货物运输的事项，背面条款列明运输合同中规定的当事人双方的权利、义务、赔偿责任和免责的约定。与传统海运提单不同的是，集装箱提单根据集装箱运输的需要，增加相关的必要记载内容、正面条款和背面条款，其中：必要记载内容包括集装箱的标志、号码和铅封号，接受和交付货物的地点等记载内容；正面条款属于承运人声明性质的条款，主要有确认条款、承诺条款、签署条款等；修改或增列的背面条款有承运人的责任期间、舱面货选择条款、

1. Shipper Insert Name, Address and Phone		B/L No.
		中远集装箱运输有限公司 COSCO CONTAINER LINES TLX: 33057 COSCO CN FAX: +86(021) 6545 8984 ORIGINAL
2. Consignee Insert Name, Address and Phone	Port-to-Port or Combined Transport **BILL OF LADING**	
3. Notify Party Insert Name, Address and Phone (It is agreed that no responsibility shall attach to the Carrier or his agents for failure to notify)		

4. Combined Transport *	5. Combined Transport *	RECEIVED in external apparent good order and condition except as other-Wise noted. The total number of packages or unites stuffed in the container. The description of the goods and the weights shown in this Bill of Lading are furnished by the Merchants, and which the carrier has no reasonable means Of checking and is not a part of this Bill of Lading contract. The carrier has Issued the number of Bills of Lading stated below, all of this tenor and date, One of the original Bills of Lading must be surrendered and endorsed or signed against the delivery of the shipment and whereupon any other original Bills of Lading shall be void. The Merchants agree to be bound by the terms And conditions of this Bill of Lading as if each had personally signed this Bill of Lading. SEE clause 4 on the back of this Bill of Lading. (Terms continued on the back Hereof, please read carefully). * Applicable Only When Document Used as a Combined Transport Bill of Lading.
Pre-carriage by	Place of Receipt	
6. Ocean Vessel Voy. No.	7. Port of Loading	
8. Port of Discharge	9. Combined Transport *	
	Place of Delivery	

Marks & Nos. Container / Seal No.	No. of Containers or Packages	Description of Goods (If Dangerous Goods, See Clause 20)	Gross Weight Kgs	Measurement
		Description of Contents for Shipper's Use Only (Not part of This B/L Contract)		

10. Total Number of containers and/or packages (in words)	
Subject to Clause 7 Limitation	

11. Freight & Charges	Revenue Tons	Rate	Per	Prepaid	Collect
Declared Value Charge					

Ex. Rate:	Prepaid at	Payable at	Place and date of issue
	Total Prepaid	No. of Original B(s)/L	Signed for the Carrier, COSCO CONTAINER LINES

LADEN ON BOARD THE VESSEL			
DATE		BY	

图 4-12 原中远集装箱运输有限公司提单

承运人的赔偿责任限制、制约托运人的责任条款等。此外，发货人装箱、计数、施封条款在提单正面予以明示。

集装箱提单的签发、流转过程与传统提单一样。在集装箱货物装上船舶后，由有权签发提单的承运人或其授权的代理人，或载货船长向托运人签发提单。收货人凭正本提单向承运人在目的港的代理人换取提货凭证后，办理提货事宜。若托运人要求安排电报放货，则承运人或其代理人在托运人提供保函并收回全套正本提单的情况下，用电子通信的方式指示承运人在目的港的代理人，将货物交付给提单上所记载的收货人。目的港的代理人会在船舶到港时，即向收货人发出到货通知；收货人凭到货通知和身份证明向目的港的代理人换领提货凭证，安排提货事宜。

技能训练

通过学习上述单证知识，完成下列单证名称、缩写和单证作用的匹配。

订舱单	B/L	收货人向承运人提货凭证
场站收据	EIR	出口订舱
集装箱设备交接单	S/O	运输合同证明
集装箱装箱单	D/R	海关报关
海运提单	CLP	集装箱交接
提货单	D/O	证明集装箱内所装货物的明细清单

复习提高

一、判断题

1. 集装箱设备交接单是使用承运人箱时由箱主签发的。(　　)
2. 在国际贸易实践中，货主可以凭场站收据办理结汇手续。(　　)
3. 集装箱装箱单用于证明所装载货物的信息，由于其不是订舱凭证，因此报关时可以不必向海关提供。(　　)
4. 集装箱装箱单必须由装箱人缮制。当货主自行装箱时，货主负责箱内货物的清点、计数、施封和填制集装箱装箱单；当货代负责装箱时，货代的货运站负责箱内货物的清点、计数、施封和填制集装箱装箱单。(　　)

二、选择题

1. 下列哪项不属于集装箱设备交接单的作用。(　　)

   A. 承运人、运箱人和用箱人交接凭证　　B. 箱内所装货物的明细清单

   C. 集装箱设备完好状况记录　　D. 日后货运事故处理的依据

2. 在海运实践中，下列哪个当事人不具有签发提单的权利。(　　)

   A. 船公司　　B. 无船承运人　　C. 港区码头　　D. 船舶代理人

三、简答题

1. 什么是场站收据？通常场站收据由几联构成，每联的作用各是什么？
2. 什么是设备交接单？其作用是什么？
3. 什么是提单？集装箱提单和传统的提单有何区别？

任务三　集装箱海运进口业务流程

任务导入

Linda在学习集装箱海运出口业务流程和单证后，很期待进行进口业务流程和单证的学习。下面我们一起学习进口业务流程、进口单证等相关知识。

任务目标

1. 集装箱海运进口操作流程。
2. 集装箱海运进口操作基本岗位。

知识链接

一、集装箱货物进口海上运输一般程序

集装箱货物进口海上运输流程主要包括传送单证资料、发放有关单证、卸船、到货通知、换取提货单、报关报检、提货、交付货物等环节。

(1) 传送单证资料。出口港区船公司或其代理人应于船舶起航后24 h向进口港区船公司的集装箱管理部门发出卸船的必要资料，包括提单副本、舱单、装箱单、积载图、特种集装箱清单、危险货物集装箱清单、危险货物说明书、冷藏集装箱清单等全部随船资料。上述单证基本上通过网络等电子化方式在船公司内部交换。

(2) 发放有关单证。进口港区船公司的集装箱管理部门收到出口港传送来的各种货运单证后，即分别发放给进口港船舶代理公司、集装箱码头堆场和集装箱货运站，以便做好船舶进港、卸船、拆箱、交货等准备工作。此外，船公司或其代理人还要向收货人发出进口货物的提货通知书，通知收货人做好提货准备。

(3) 卸船。船舶进港停泊后，集装箱码头根据卸船计划进行卸船作业。如果是整箱货，集装箱从船上卸下来后，堆放到堆场指定的箱位；如果是拼箱货，则需要先将集装箱运送到指定的集装箱货运站，进行拆箱、分票、整理。

(4) 到货通知。在集装箱进入集装箱码头堆场或货运站，处于可交付状态后，船公司或

其代理人向收货人发出到货通知,要求收货人及时提取货物。

(5) 换取提货单。收货人接到到货通知后,即向银行结清货款及有关费用,取得正本提单、副本提单+电放通知、银行保函或船公司(船代)可接受的其他担保向船公司(船代)换取提货单,申领提箱单和设备交接单。船公司或其代理人签发提货单时,除收回正本提单并查对进口许可证外,还需货方付清运费及一切有关费用。如果场站收据对集装箱有批注,原批注也应列入提货单备注栏内。

自 2018 年 11 月 1 日起,为优化上海跨境贸易营商环境,提升水运口岸通关物流效率,上海市口岸服务办公室公告,在上海水运口岸开展进口集装箱货物提货单(D/O)无纸化工作试点,提货单无纸化工作基于现有业务流程作优化,选取试点企业进行先行试点,纳入试点的企业实行双轨制,在保留现行纸质单证使用的同时,增加通过上海水运口岸提货单无纸化系统平台实现信息电子化传递。未纳入试点的企业仍按现行流程操作,逐步取消纸质单证使用。至今,很多集装箱运输经营人或代理人已取消纸质提货单。例如,上海中外运船务代理有限公司就在 2019 年 7 月 1 日发布全面使用电子提货单的通知,见图 4－13。

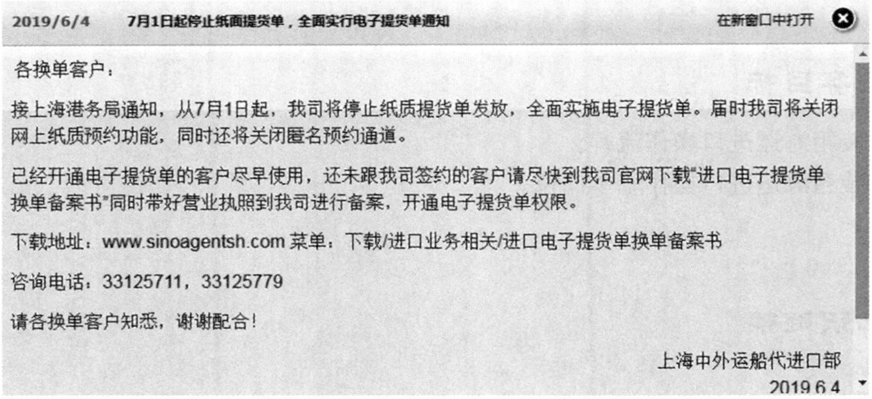

图 **4－13** 上海中外运船务代理有限公司全面使用电子提货单通知

(6) 报关报检。根据国家有关法律、法规的规定,进口货物必须经办理验放手续后,收货人才能提取货物。因此,收货人或其代理人还须凭提货单和其他有关材料向海关申请进口报关报检,海关审核查验后在提货单上加盖放行章或在电子提货单系统授权,准予进口箱提货。

(7) 提货。收货人凭海关放行的提货单或电子提货单到集装箱堆场或集装箱货运站办理提箱提货手续。

(8) 交付货物。整箱货的交付是在集装箱堆场进行的,集装箱堆场的经办人员还必须会同收货人检查集装箱的外表状况,填制集装箱设备交接单(出场);拼箱货的交付是在集装箱货运站完成的。堆场或货运站凭海关放行的提货单,与收货人结清有关费用(如果在货运过程中产生相关费用,如滞期费、保管费、再次搬运费等)后交付货物。双方在记载货物状况的交货记录上签字,作为交接证明。至此,集装箱货物进口海上运输流程结束。

二、集装箱货物进口相关方主要业务内容

集装箱货物进口海上运输有关方的业务环节与内容见表 4－3。

表 4－3　集装箱货物进口海上运输有关方的业务环节与内容

有关方	业务环节与内容
收货人（或货代）	①签订贸易合同；②租船订舱（如以 FOB 价格条件成交）；③申请开信用证；④投保（如以 FOB 或 CFR 价格条件成交）；⑤付款从银行处取得正本提单；⑥凭正本提单到承运人或其代理人处换取提货单和设备交接单（整箱货）或办理电子提货手续；⑦凭提货单到码头堆场（整箱货）或货运站（拼箱货）提取货物，整箱货需凭设备交接单提取；⑧返还空箱（整箱货）
船公司（或船代）	①做好卸船准备工作，包括制订卸船计划、安排联检与靠泊；②制作并传送有关单证；③卸船，由码头安排具体卸船事宜；④凭正本提单和到付运费等向收货人签发提货单和集装箱提、还箱手续（整箱货）
集装箱码头堆场	①集装箱的卸船准备工作，制订卸船计划、堆场计划、交货计划；②卸船与堆放；③整箱货交收货人，拼箱货交货运站，转运内地货交内陆承运人；④制作交货报告和未交货报告
集装箱货运站	①做好提箱、拆箱、交货准备；②向收货人发出到货通知；③从码头堆场领取载货的集装箱；④拆箱交货、空箱退还给码头堆场；⑤制作交货报告和未交货报告

三、集装箱货物进口业务流程

集装箱货物进口海上运输流程见图 4－14。

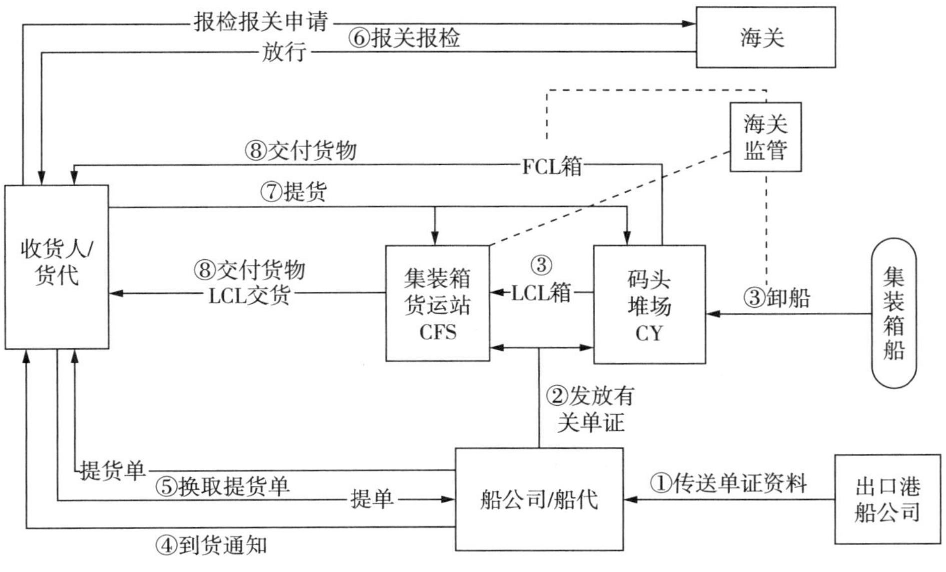

图 4－14　集装箱货物进口海上运输流程

技能训练

阅读下面的材料，讨论分析：提货单无纸化操作模式的优点有哪些？对船公司、集装箱码头、货主有何好处？

2019 年 8 月 7 日 9 时许，大连九鼎国际物流公司通过大连口岸电子放货平台，向上海新海丰集装箱运输公司提出一票进口货物的换单申请，开始线上换单操作。3 个小时后，该票货物完成全部进口提货手续，并顺利从大窑湾集装箱码头出港。以往提出一票货物最快也要 1 天的时间，现在 3 个小时就能完成，这让企业实实在在享受到口岸营商环境优化后带来的便利和实惠。

本着发挥企业主体作用、推动营商环境建设与改善的理念，辽宁港口集团积极支持大连口岸电子放货平台项目建设，旗下大连口岸物流网股份有限公司与大连集装箱码头有限公司于 2019 年 2 月联合启动项目设计研发，7 月 1 日平台进入试运行阶段。该平台的上线运行开启大连口岸进口提箱业务全流程单证电子化进程，推动辽宁港口集团智慧港口建设迈上新台阶。

该平台将船公司、船代、货主、货代、码头、场站、车队等关联业务优化设计，实现提货单电子化、电子单证加密流转，使传统的进口提货手续化繁为简。在传统口岸进口提货流程中，换单和提箱场所分属多地，跑单人员需持纸质提货单，经过船公司（船代）、银行、码头、场站等机构的层层流转，进行换单、开票、转账汇款、交单、结费等多项操作，方可完成码头提货程序，耗费大量人工及时间成本。通过口岸电子放货平台，企业用户可在线进行换单申请、电子支付、指定车队、电子放箱、码头结费等操作，并随时掌握电子提货实时动态，在短短的几小时内便能快速完成进口提货的全部手续，顺利提出货物，大幅缩短提货时间、减少提货环节、加速货物流转，对提升口岸服务效能具有积极的推动作用。

（资料来源：港口圈）

复习提高

一、判断题

1. 进口集装箱的海关放行章盖在装箱单上。（　　）

2. 进口货物到货通知书由码头向收货人发出。（　　）

3. 进口商在开证行交款取回提单的过程我们称之为“付款赎单”。（　　）

二、简答题

1. 集装箱进口业务中有哪些相关方，他们的主要业务环节和内容是什么？

2. 集装箱进口业务流程是什么？

任务四　集装箱海运进口主要单证

任务导入

进口货运单证是由集装箱海运提单开始，船公司凭出货港签发的海运提单向货主发放“到货通知书”等提货单据，货主据此到相关机构办理货物进口手续。“到货通知书(联单)”是进口货运的核心单证，其他单证则是它的补充和延续。下面我们和 Linda 一起学习“到货通知书(联单)”及其他集装箱进口单证，读懂单证上的相关信息，厘清进口单证之间的关系和流转程序。

任务目标

1. 集装箱海运进口单证填制。
2. 集装箱海运进口单证流转程序。

知识链接

一、交货记录联单

(一) 交货记录联单构成

在集装箱班轮运输传统纸质单证作业时，普遍采用交货记录联单代替杂货班轮运输中的提货单。交货记录联单的性质实际上与提货单一样，仅仅是在组成和流转过程方面有所不同。交货记录联单标准格式一套共五联，即到货通知书、提货单、费用账单(蓝色)、费用账单(红色)、交货记录，见表 4－4。

表 4－4　交货记录联单各联介绍及主要用途

顺序	名称	颜色	主要用途
1	到货通知联	白色	通知提货及确认提货日期
2	提货单联	白色	报关单证之一及提取货物和便于货方进行贸易、交易(拆单)
3	费用账单(1) 联	红色	用于场站向收货人结算港杂费

表 4-4(续表)

顺序	名称	颜色	主要用途
4	费用账单(2) 联	蓝色	用于场站向收货人结算港杂费
5	交货记录	白色	证明货物已经交付

交货记录联单的流转过程见图 4-15。

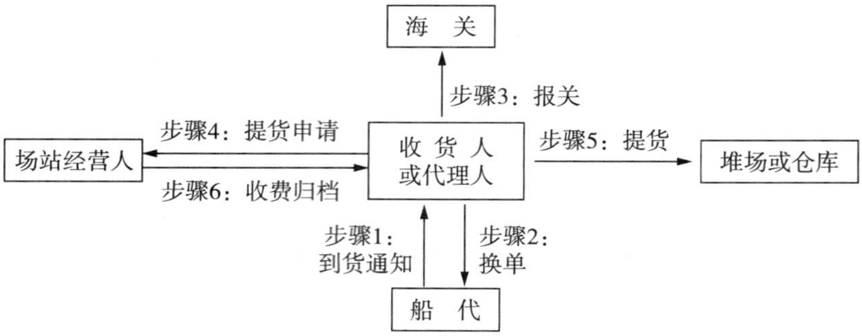

图 4-15　交货记录联单的流转过程

(二) 交货记录联单的流转过程

(1) 船舶代理人在收到进口货物单证资料后，通常会向收货人或其代理人发出到货通知书。

(2) 收货人或其代理人在收到到货通知后，凭正本提单(背书或保函)向船舶代理人换取提货单及场站、港区的费用账单联、交货记录联等四联，提货单经船代盖章方始有效。

(3) 收货人或其代理人持提货单在海关规定的期限内备妥报关资料，向海关申报。海关验放后在提货单的规定栏目内盖放行章。收货人或其代理人还要办理其他有关手续的，也应办妥手续，取得有关单位盖章放行。

(4) 收货人及其代理人凭已盖章放行的提货单及费用账单和交货记录联向场站或港区的营业所办理申请提货作业计划，港区或场站营业所核对提货单是否有效及有关放行章后，将提货单、费用账单联留下，做放货、结算费用及收费收据。在第五联交货记录联上盖章，以示确认手续完备，受理作业申请，安排提货作业计划，并同意放货。

(5) 收货人及其代理人凭港区或场站已盖章的交货记录联到港区仓库或场站仓库、堆场提取货物，提货完毕后，提货人应在规定的栏目内签名，以示确认提取货物无误。交货记录联上所列货物数量全部提完后，场站或港区应收回交货记录联。

(6) 场站或港区凭收回的交货记录联核算有关费用。填制费用账单，一式两联，结算费用。第三联(蓝色)费用账单联留存场站、港区制单部门，第四联(红色)费用账单联作为向收货人收取费用的凭证。

(7) 港区或场站将第二联提货单联、第四联费用账单联和第五联交货记录联留存归档备查。

二、提货单及电子化

(一) 提货单

进口集装箱货物提货单是指收货人凭正本提单或副本提单随同有效的担保向船公司或其

代理人换取的，可向港口装卸部门提取集装箱货物的凭证。提货单的性质与提单完全不同，它是船公司或其代理人指令仓库或装卸公司向收货人交付货物的凭证，不具备流通或其他作用。

在海运进口中，船到卸货港后，收货人需持正本提单(或副本提单随同有效担保)向船公司或其代理换取提货单、收货人向海关进行进口货物申报，海关审核单据和货物无误后，在提货单上加盖海关放行章，并退返给收货人。收货人持盖有海关放行章的提货单向海关监管区提取货物。标准提货单样式见图 4－16。

上海中远集装箱船务代理公司

COSCO SHANGHAI CONTAINER SHIPPING AGENCY CO，LTD

进口集装箱货物提货单

No.

港区场站： 船档号：

<table>
<tr><td colspan="2">收货人名称：</td><td colspan="3">收货人开户银行与账号</td></tr>
<tr><td>船名：</td><td>航次：</td><td>起运港：</td><td>目的港：</td><td>船舶预计到达时间</td></tr>
<tr><td>提单号：</td><td>交付条款：</td><td>卸货地点：</td><td>进库场日期：</td><td>第一程运输</td></tr>
<tr><td>标记与集装箱号</td><td>货名</td><td>集装箱数或件数</td><td>质量/kg</td><td>体积/m^3</td></tr>
<tr><td></td><td></td><td></td><td></td><td></td></tr>
<tr><td colspan="3" rowspan="2">船代公司重要提示：
1）本提货单中有关船、货内容按照提单的相关显示填制；
2）请当场核查本提货单内容错误之处，否则本公司不承担由此产生的责任和损失；
3）本提货单仅为向承运人或承运人委托的雇佣人或替承运人保管货物订立合同的人提货的凭证，不得买卖转让；
4）在本提货单下，承运人代理人及雇佣人的任何行为，均应视为代表承运人的行为，均应享受承运人享有的免责、责任限制或其他任何抗辩理由；
5）本提货单所列的船舶预计到达时间，不作为申报进境和计算滞报金、滞箱费、疏港费等起算的依据，货主不及时换单和提货造成的损失，责任自负；
6）本提货单中的中文译文仅供参考。
上海中远集装箱船务代理公司
（盖章有效）
20××年× 月 × 日</td><td>收货人章
1</td><td>海关章
2</td></tr>
<tr><td>3</td><td>4</td></tr>
<tr><td colspan="3">注意事项：
1）本提货单需盖有船代放货章和海关放行章后方有效。凡属法定检验、检疫的进口商品，必须向检验检疫机构申报。
2）提货人到码头公司办理提货手续时，应出示单位证明或经办人的身份证明。提货人若非本提货单记名收货人，还应当出示提货单记名收货人开具的证明，以表明其为有权提货的人。
3）货物超过港存期，码头公司可以按《上海港口货物疏运管理条例》的有关规定处理。在规定期间无人提取的货物，按《中华人民共和国海关法》和国家有关规定处理。</td><td>5</td><td>6</td></tr>
</table>

图 **4－16** 标准提货单样式

在收货人提取拼箱货物的情况下，凭提单换取的提货凭证为进口分拨提货单，见图 4－17。

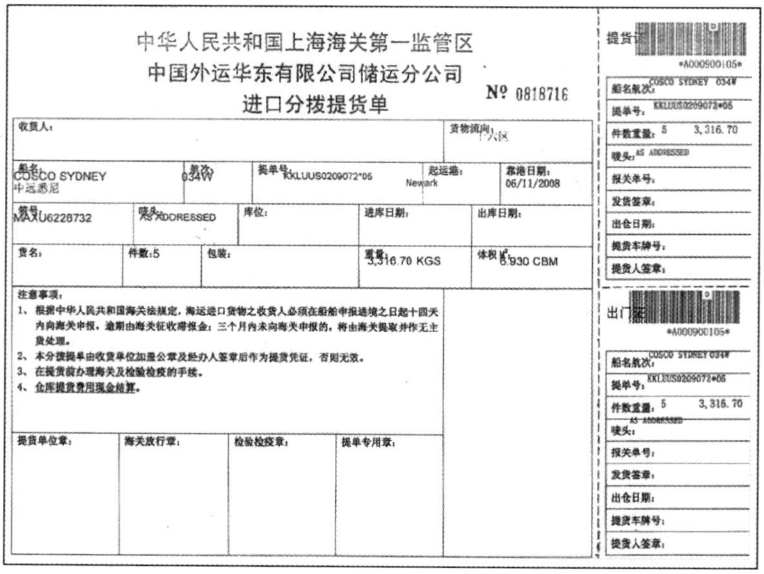
中华人民共和国上海海关第一监管区
中国外运华东有限公司储运分公司
进口分拨提货单
№ 0818716

收货人：				货物流向：十六区
船名：COSCO SYDNEY 中远悉尼	航次：034W	提单号：KKLUUS0209072*05	起运港：Newark	靠港日期：06/11/2008
箱号：MAXU6226732	唛头：AS ADDRESSED	库位：	进库日期：	出库日期：
货名：	件数：5	包装：	重量：3,316.70 KGS	体积 M³：6.930 CBM

注意事项：
1、根据中华人民共和国海关法规定，海运进口货物之收货人必须在船舶申报进境之日起十四天内向海关申报，逾期由海关征收滞报金；三个月内未向海关申报的，将由海关提取并作无主货处理。
2、本分拨提单由收货单位加盖公章及经办人签章后作为提货凭证，否则无效。
3、在提货前办理海关及检验检疫的手续。
4、仓库提货费用现金结算。

提货单位章：	海关放行章：	检验检疫章：	提单专用章：

提货证 *A000900105*
船名航次：COSCO SYDNEY 034W
提单号：KKLUUS0209072*05
件数重量：5 3,316.70
唛头：AS ADDRESSED
报关单号：
发货签章：
出仓日期：
提货车牌号：
提货人签章：

出门证 *A000900105*
船名航次：COSCO SYDNEY 034W
提单号：KKLUUS0209072*05
件数重量：5 3,316.70
唛头：AS ADDRESSED
报关单号：
发货签章：
出仓日期：
提货车牌号：
提货人签章：

图 **4－17** 进口分拨提货单

（二）提货单电子化

提货单被认为是最后一个影响口岸物流无纸化的港口单证，提货单电子化是港口部门与船代公司合力推动的，将原先通过人工传递的纸质提货单，改为以电子信息加密方式传递，实现进口提货时效性的提升。目前，通关流程和提货单流程基本是平行推进的，提前申报将有效缩减通关时间，提货时间缩短则要通过提货单电子化来加速，一旦海关放行，即可实现货物提离。此外，电子提货单必须得到货主的授权方可进行。进口电子提货单换单授权委托书见图 4－18。

提货单换单授权委托书

致：中国上海外轮代理有限公司
船名、航次
提单号________________________________
货　名________________________________
件　数________________________________
质　量________________________________
尺　码________________________________

我司中文：________，英文：________作为上述货物运输单证上的收货人、不记名运输单证的合法持有人，全权委托并授权（换单单位）换取提货单事宜。

我司充分知晓《上海市水运口岸进口集装箱货物电子提货单运作规则》的有关规定，接受贵司提供电子提货单，并委托换单单位自行办理预约换单、获取提货单（含电子提货单），授权受理人等相关操作、我司认可贵司向换单单位签发提货单（含电子提货单）的行为，为即承运人或贵司向我司（运输单证提货权利人）履行交付义务。我司愿意承担由此产生的一切风险和责任。

（委托单位盖章）
年　　月　　日

我司（换单单位）________同意接受（委托人）____________的委托，为上述货物办理预约、换取提货单（含电子提货单），及确认授权提货人等操作，并愿意与委托人一起连带承担及赔偿因此而造成贵司的一切风险责任和遭受一切损失。

（换单单位盖章）
年　　月　　日

图 **4－18** 进口电子提货单换单授权委托书

在电子提货单模式下，进入系统，选择预约模板中“进口新增预约”页面，点击提单号右边“新增预约”按键后，即可进入预约信息填写页面，见图 4 - 19。注意：若发送状态为“已发送”，则代表此票提货单已被换发，无法修改相关预约信息，见图 4 - 20。

图 **4 - 19**　新增电子提货单

图 **4 - 20**　电子提货单已换单界面

技能训练

阅读下面的材料，分析讨论如何压缩进口集装箱货物的通关时间？如何进行进口货物提前申报？如何实现通关和物流“并联作业”？

国务院《政府工作报告》明确提出 2018 年整体通关时间压缩三分之一。今年以来，上海海关等口岸单位认真组织实施提升跨境贸易便利化措施，压缩整体通关时间取得阶段性成效，但任务依然繁重，需要口岸各服务单位和市场主体共同参与推进，进一步压缩进口整体通关时间（指运输工具抵港至海关放行的时间），着力推进申报提速，不断完善压缩整体通关时间的制度环境。

（1）全面推行进口“提前申报”。面向所有海运和空运货物（含分拨货物）、所有信用企业、所有通关类型全面推行进口“提前申报”。在舱单数据提前传输的前提下，企业提前申报报关单，海关提前办理单证审核及税费征收，货物实际到港后即办理查验或放行手续。2018 年 8 月 23 日，上海海关 12360 热线再次全面解读进口“提前申报”，进一步明确：不需要换提货单，只要查询到舱单信息，在货物抵港前就可以申报。

（2）进一步便利企业查询获得舱单信息。不断完善单一窗口向企业推送港航信息功能，更加便利申报企业查询获得申报需要的舱单信息。对分拨货物，特别是空运分拨，货代企业及时将分单信息通知收货人。

（3）推行“换单电子化”和“提前换单”。上海口岸通过上海单一窗口推行“换单电子化”，对电放提单换提货单，实现无纸化办理，并进一步推广“提前换单”。同时，还将继续推动提升港航费用电子支付的覆盖率。

（4）推行进口关税保证保险。2018 年 9 月，上海口岸开展进口关税保证保险试点，通过保险公司为企业提供关税担保，进一步便利企业办理关税支付业务。

（5）全面推进集装箱设备交接单无纸化。2018 年 9 月，上海口岸全面推行集装箱设备交接单无纸化，实现集装箱在船公司、码头、堆场、集卡（司机）之间无纸化流转交接。

（6）进一步推行通关与物流“并联作业”。申报企业应最大限度把申报时间往前赶，对不能“提前申报”的，要尽早安排“到港即报”。上海口岸单位与申报企业共同合作，对不需要查验的进口集装箱整箱，形成进口集装箱“并联作业”(48 小时)参考流程，见图 4－21。

说明：

1. 以集装箱整箱(非疏港箱)为例，不包括实施查验、检疫处理的作业流程和时间。贸易企业(货主)提前准备单证。

2. 假设以船舶零点抵港为起点。48 小时以“船舶抵港至提离港区”为区间，按周一至周五正常工作时间。

原流程—串联 72H

①D/O 换单	②检验检疫全申报	③【法检货物】报检	④报关	⑤缴税	⑥办理 EIR 手续	⑦付费和预约提货	⑧港区提货
【物流】		【申报与缴税】				【物流】	72H

新流程—并联 48H

物流	①D/O 换单	⑥办理 EIR 手续	⑦付费和预约提货	⑧港区提货
申报与缴税	②检验检疫全申报；③报检			
	④报关	⑤缴税		
	48H			

并联流程

申报缴税	申报企业、贸易企业、运输企业交接流程		说明
报关缴税	船舶抵港之前(已获得舱单信息)至第一天上午		1. 申报不需提货单。 2. 申报后，货物实际到港海关即办理查验或放行手续。 3. 是否布控查验信息发送前移。对不查验货，办理缴税可以同步安排物流。
	【申报企业】提前申报/到港即报；提单换提货单；通知贸易企业办理缴纳关税手续(需要贸易企业提前确定缴税时间和提货时间，便于运输企业提前安排)	【贸易企业】缴纳关税手续(办理后即通知申报企业)	
	第一天下午		
	【申报企业】与运输企业交接，将提货单等寄送转交	【贸易企业】办理缴纳关税手续	
	第二天全天		1. 船公司凭提货单即可办理集装箱交接单；港口业务受理中心受理时间到 20:30；港区可以办理当天夜间提货。
	【运输企业】办理设备交接单手续；支付港口费用和预约提货、交提货单；提货(已获海关放行，提货前将提货单交港口业务受理中心)		

图 **4－21**　进口集装箱“并联作业”(**48** 小时)参考流程

(7) 完善"通关＋物流"跟踪查询应用系统。将"通关＋物流"跟踪查询应用系统由海运集装箱推广到空运货物，并扩充到单一窗口移动版和港务业务办理系统，便利企业查询货物到港状态，及时进行申报，查询流程办理进度。

(8) 不断提升口岸代理服务的质量和效率。在新的制度环境下，需要申报企业、货代(运输)企业不断调整优化企业内部作业流程，加强相互之间以及与贸易企业(货主)之间的衔接，提前安排单证交接、办理税费支付手续等业务，进一步提升服务质量和效率。

(9) 探索建立口岸代理服务企业评价机制。围绕压缩整体通关时间，上海口岸单位将探索建立代理服务企业的评价机制，更好发挥行业协会桥梁纽带作用，宣传推广代理服务企业的典型经验和做法；并通过单一窗口通报"提前申报"和压缩整体通关时间的有关情况，建立通关时间监督制度。

(资料来源：上海市口岸办公室文件)

复习提高

一、选择题

1. (　　)是收货人向装卸区或货运站提货的凭证，也是船公司对装卸区或货运站交箱交货的通知。

A. 提单　　B. 提货单　　C. 交货单　　D. 装箱单

二、简答题

1. 集装箱进口业务中主要有哪些单证？
2. 交货记录联单的流转程序是什么？

模块五

集装箱陆空运输业务与多式联运

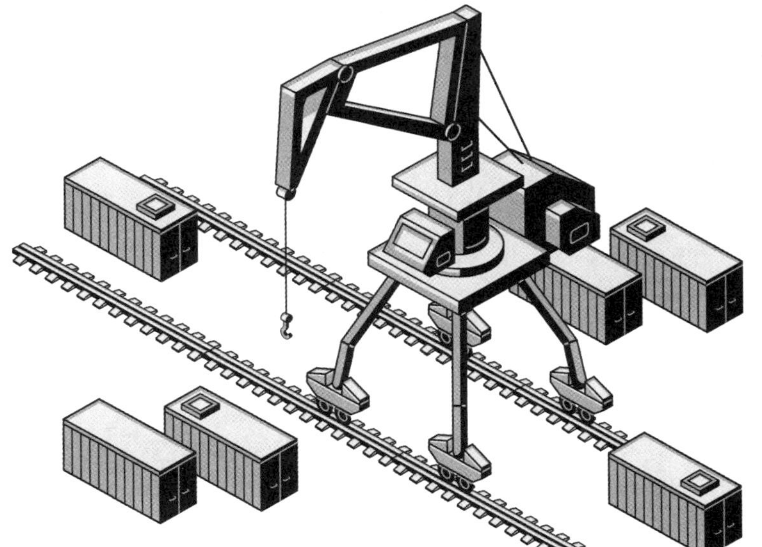

学习导入

多式联运是现代运输发展的必然趋势,而无论哪种运输方式,都需要用公路运输将集装箱从托运人地点运至港口码头、铁路车站,同时还要将集装箱从码头、铁路车站再运送到收货人地点。其中:公路运输具有灵活方便性、广泛适用性、快速及时性、公用开放性、投资效益高、经济效益大等特点;铁路运输具有运量大、速度快、安全可靠、运输成本低、运输准确性和连续性强、受气候影响较小等特点,在国际多式联运中起着非常重要的作用;近年来,随着国际贸易对货运运送时效性和质量的变化,集装箱航空运输在国际货物运输中的比重也越来越大。因此,本模块我们将学习集装箱公路运输、铁路运输、航空运输和多式联运相关知识。

学习目标

1. 知识目标

(1) 了解并熟悉集装箱公路运输业务。

(2) 了解并熟悉集装箱铁路运输业务。

(3) 了解并熟悉集装箱航空运输业务。

(4) 了解并熟悉集装箱多式联运运输业务。

2. 技能目标

(1) 掌握集装箱公路运输流程。

(2) 掌握集装箱铁路运输流程。

(3) 掌握集装箱航空运输流程。

(4) 掌握集装箱多式联运的概念、流程和方案设计。

任务一　集装箱公路运输业务

任务导入

集装箱公路运输是集装箱运输的一个重要的组成部分，其能将航空、铁路、海运有效地连接起来，实现“门—门”运输；同时还能将小批量的零星货物，通过汽车运输加以集中和组织，转为集装箱运输。目前，在一些工业发达国家，公路运输不仅承担铁路、海运、航空接送业务，而且承担中、短途的内陆集装箱运输。下面我们和 Linda 一起学习集装箱公路运输相关知识。

任务目标

1. 集装箱公路运输的特点。
2. 集装箱公路运输进出口业务流程。

知识链接

一、集装箱公路运输的特点

（1）集装箱公路运输是一种“门—门”运输，这是集装箱运输突出的特征，也是其优越性所在。集装箱运输最终要实现“门—门”运输，绝对离不开集装箱卡车运输这种“末端运输”方式。所谓“末端运输”，是指运输活动开始与结束部分的活动，即从发货人处取货和将货送到收货人处。纵观集装箱整个运输过程，不管是水路运输、铁路运输还是航空运输，其开始和结束都离不开集装箱卡车运输。离开集装箱卡车，集装箱运输“门—门”的优势就荡然无存。

（2）在大多数情况下，集装箱卡车运输在集装箱的各种运输方式之间起衔接性、辅助性的作用，通过陆上“短驳”，将各种运输方式衔接起来，或最终完成一个运输过程。只在少数情况下，集装箱公路运输扮演着“主力”角色，从头至尾完成一次完整的运输过程。

（3）不管是不是运输集装箱，公路运输均表现出一些共同的弱点：运力与速度低于铁路运输，能耗与成本却高于铁路、水路运输，安全性低于铁路和水路运输，对环境污染程度高于铁路和水路运输。因此，欧洲的许多国家和地区以立法和税收优惠政策等方式，鼓励内河运输与铁路运输，限制集装箱长途公路运输。

集装箱公路运输合适的距离，与各个国家和地区的经济发展程度、地理环境有关。例如：美国内陆幅员辽阔，高速公路网发达，一般认为 600 km 为集装箱公路运输的合适距离；日本四周环海，沿海驳运很方便，所以认为集装箱公路运输在 200 km 之内较合理；我国虽然内陆也幅员辽阔，但公路网络迄今为止还较差，铁路网络相对较发达，所以一般认为公路运输应控制在 300 km 左右。

二、集装箱公路运输业务范围

（1）海上国际集装箱由港口向内陆腹地的延伸运输、中转运输以及在内陆中转站进行的集装箱交接、堆存、拆装、清洗、维修和集装箱货物的仓储、分发等作业。

（2）国内集装箱铁路由车站至收、发货人仓库、车间、堆场间的“门—门”运输及代理货物的拆装箱作业。

（3）沿海、内河国内水运集装箱由港口向腹地的延伸运输、中转运输或货主间的短途“门—门”运输。

（4）城市之间干线公路直达的集装箱运输。

（5）内陆与港澳之间及其他边境口岸出入国境的集装箱运输、接驳运输和大陆桥运输。

三、港口集装箱公路集疏运

（一）进口集装箱货运业务

（1）编制进口箱运量计划。根据港务局提供的船期动态表以及船公司或货代提供的进口船、载箱数，结合本公司运力编制运量计划。

（2）接受汽车托运。货主或其代理向集卡公司提出进口集装箱陆上运输申请，集卡公司在了解箱包货物和卸货地点情况以后，符合条件的接受托运。

（3）申请整箱放行计划。集卡公司在接受托运之后，应向联合运输营业所申请整箱放行计划，拆箱货应由陆上运输管理处批准。

（4）安排运输作业计划。集卡公司应根据“先重点后一般”原则，合理安排运输计划。如遇超重箱或超标准箱，应向有关部门申请超限证，跨省运输则应开具路单等。

（5）向码头申请机械和理货、卫检等。无论整箱还是拆箱，都应及时向港区提出作业申请，由港区根据需要配备机械和人力。此外，集卡公司还应代收货人提出理货、卫检或一些特殊需要的申请。

（6）从堆场提取重箱。集卡公司在取得放行单和设备交接单后应到指定地点提取整箱，并办理出场集装箱设备交接。

（7）交箱。集装箱送至收货人处拆箱时，须由理货公司派员理货。货主接收货物后，在交接单上签收，集卡公司运输责任在交接后才告结束。

（8）送还空箱。集装箱空箱应按指定时间、地点送回。在交接空箱时，应凭进场集装箱设备交接单或电子设备交接单办理集装箱交接。

(二) 出口集装箱货运业务

(1) 掌握货源。集卡公司应广泛开展货源组织工作,掌握船公司和货运代理近期内待装运的箱源,预先做好运力安排。

(2) 接受托运。集卡公司在了解掌握待装货物和装箱地点情况后,符合条件的予以承运并订立运输契约。

(3) 安排作业计划。接受托运后,应及时编制作业计划。超重、超限、跨省运输应向有关部门办理申请。

(4) 向码头申请机械。所承运的货物,根据船期计划应在前一天向码头申请机械。

(5) 领取空箱。集卡公司凭货代签发的出场集装箱设备交接单和托运单到指定地点提取空箱。

(6) 装箱和送交重箱。空箱在托运人处装箱,经过理货公司理货,由装箱人提供装箱单,集卡公司将重箱连同装箱单、设备交接单到指定港区交付,并办理集装箱设备交接。

技能训练

阅读下面的材料,分析讨论《国际公路货物运输合同公约》的主要内容并讨论其对国际集装箱公路运输的影响。

为统一公路运输所使用的单证和承运人的责任,联合国所属欧洲经济委员会负责草拟《国际公路货物运输合同公约》(简称《公约》),并在 1956 年 5 月 19 日在日内瓦欧洲 17 个国家参加的会议上一致通过。《公约》就适用范围、承运人责任、合同的签订与履行、索赔和诉讼以及连续承运人履行合同等作出较为详细的规定。

此外,为有利于开展集装箱联合运输,使集装箱能原封不动地通过经由国,联合国所属欧洲经济委员会成员国之间于 1956 年缔结关于集装箱的关税协定,即《根据 TIR 手册进行国际货物运输的有关关税协定》(简称《协定》)。欧洲 23 个国家参加《协定》,并已从 1960 年开始实施。《协定》的宗旨是相互间允许集装箱免税过境,在此基础上,根据欧洲经济委员会倡议,缔结《国际公路车辆运输规定》(简称《规定》)。根据《规定》,对于集装箱的公路运输承运人,如持有 TIR 手册,允许由发运地到达目的地,在海关签封下,中途可不受检查、不支付关税、不提供押金。尽管《公约》《协定》《规定》等有地区性限制,但其仍不失为当前国家公路运输的重要国际公约和协定,并对国际公路运输的发展产生一定影响。

复习提高

一、选择题

1. 在集装箱多式联运中,(　　)成为典型工艺流程的第一个和最后一个环节。

A. 航空运输　　B. 公路运输　　C. 水路运输　　D. 管道运输

二、简答题

1. 集装箱公路运输的特点有哪些?
2. 集装箱公路进出口业务流程如何进行?

任务二　集装箱铁路运输业务

任务导入

集装箱铁路运输需要经过货源组织、计划配装、中转、卸车、交付等运输环节，与其他运输方式相比，其具有运量大、速度快、安全可靠、运输成本低、运输准确性和连续性强、受气候影响较小等特点，在国际货物运输中起着非常重要的作用。下面我们和 Linda 一起学习集装箱铁路运输相关知识。

任务目标

1. 集装箱铁路运输货源组织形式。
2. 集装箱铁路联运的业务流程。

知识链接

一、集装箱铁路运输货源组织形式

（1）整列的集装箱货源指由铁路编排的整列的、到达同一终点站的集装箱货源，通常属于集装箱直达列车运输的对象。这类货源一般在水-铁联运中形成。当铁路在集装箱码头联运中从船上卸下大批集装箱时，就能编组整列的集装箱货源，而内陆集装箱铁路办理站则很难。

（2）整车的集装箱货源指形成一节车皮的集装箱货源。集装箱铁路专用车长度通常为 60 英尺，最长可达 90 英尺，所以一节整车可装载 3～4 个 20 英尺集装箱。对铁路来说，形成整车的集装箱货源，在编排时总是占一节车皮，所以比较有利。因此，为鼓励托运人整车托运，规定一节集装箱车皮，不管是否装满，均按整车计费。托运人为减少每个集装箱分摊的费用，会尽量配齐一节整车货源。

在有些情况下，虽然所运输货物的数量不足，但是根据铁路有关部门规定也必须要按照整车办理运输。下列情况不得按照零担办理运输：①需要冷藏、保温或加温运输的货物；②限按照整车办理的货物；③容易污染其他货物的污染品，如未经过消毒处理或未使用密封不漏包装的牲畜、湿毛皮等；④蜜蜂；⑤不易计算件数的货物；⑥未装容器的活动物；⑦单件质量超过 2 t，体积超过 3 m^3或长度超过 9 m 的货物（经发站确认不致影响中转站和到站装卸车的除外）。

(3) 整箱的集装箱货源是指一个 20 英尺集装箱的货源，不够装一节车皮。有些国家的铁路部门为方便货主托运集装箱，吸引这类货源，允许整箱货主托运时按箱计费，不按整车计费。

(4) 拼箱的集装箱货源是由集装箱铁路办理站把普通零担托运货物中适合集装箱运输的货物拼装成一个集装箱，即“一个箱子、几个货主”的货物。

二、铁路集装箱分类

(1) 按质量和尺寸，铁路集装箱可以分为 1 t 箱、10 t 箱、20 英尺箱、40 英尺箱以及经原铁道部批准运输的其他质量和尺寸的集装箱。

(2) 按箱主，铁路集装箱可以分为铁路箱和自备箱，其中铁路箱是承运人提供的集装箱，自备箱是托运人自有或租用的集装箱。

(3) 按所装货物种类和箱体结构，铁路集装箱可以分为普通货物箱和特种货物箱。其中：普通货物箱包括通用箱和专用箱，专用箱包括封闭式通风箱、敞顶箱、台架箱和平台箱等；特种货物箱包括保温箱、罐式箱、干散货箱和按货物命名的集装箱等。

三、集装箱铁路货运程序

(1) 公布承运日期表。承运日期表能使内外紧密配合，搞好集装箱货物的计划运输。一般来说，旬内间隔以 5 天为宜，最大间隔期不超过 7 天。

(2) 托运受理。①由货运公司集中受理。这是目前大多数集装箱铁路办理站采用的受理方式。这种方式的处理程序是由货运公司接受发货人托运，然后由货运公司审批运单。②驻在受理。集装箱铁路办理站在货源比较稳定的企业设受理室，直接受理托运货物业务。货运受理员受理货物运单后，直接批注，在货物运单上批准进箱（货）日期，或集中交集装箱铁路办理站货运室，由货运室统一平衡，集中审批。③电话受理。由发货人直接通过电话向集装箱铁路办理站的货运室托运货物。受理货运员根据电话登记托运的货物，统一集配、审批，然后电话通知发货人进箱（货）日期。发货人在进箱（货）的同时，向集装箱铁路办理站的货运室递交货物运单，审核后加盖进货日期戳记。集装箱铁路办理站的货运员在接到货物运单后，必须按规定逐项详细审核：托运的货物能否装载集装箱运输；所到站能否受理该吨位、种类、规格的集装箱；应注明的事项是否准确、完整；有关货物质量、件数、尺码等是否按规定填写。

(3) 空箱发放。受理货运员在受理发货人的货物运单后，将批注后的货物运单交发送货运员，由发送货运员按货物运单向发货人发放铁路专用集装箱空箱。在发放空箱时，双方要明确交接责任，共同检查集装箱外表状况，判断是否会影响货物运输安全，避免事后的责任纠纷。

(4) 货物装箱。空箱由发货人领回，一般在发货人处装箱。装箱后，由发货人关闭箱门，在规定的位置悬挂标签，加上铅封，并将封志环节插入封盘落锁。铁路办理站不参与封箱的任何事宜。

(5) 重箱接收。铁路专用集装箱货物的接收和承运，发货员在检查确认无误后，在货物运单上加盖站名、日期戳记，表明铁路办理站的承运责任由此开始发生。

(6) 装列车。在始发集装箱铁路办理站，装车货运员按照配装计划确定装车顺序，然后在装卸线上装车。

(7) 铁路运输。

(8) 卸列车。集装箱列车经铁路运输，到达目的地铁路办理站装卸线，即行卸车。

(9) 重箱交收货人。目的地集装箱铁路办理站在卸箱后，交箱货运员接到转来的卸货卡片和有关单据，应认真核对车号、集装箱铅封号和标签，然后通知交货。

四、集装箱铁路货运单证

(1) 铁路货物运单。铁路运输分为国际铁路联运和通往港澳的国内铁路运输，分别使用国际铁路货物联运单和承运货物收据。当通过国际铁路办理货物运输时，在发运站由承运人加盖日戳签发的运单称作铁路运单。铁路运单是由铁路运输承运人签发的货运单据，是收、发货人同铁路之间的运输契约。铁路运单一律以目的地收货人作记名抬头，一式两份，其中：正本随货物同行，到目的地交收货人作为提货通知；副本交托运人作为收到托运货物的收据。在货物尚未到达目的地之前，托运人可凭运单副本指示承运人停运，或将货物运给另一个收货人。铁路运单只是运输合约和货物收据，不是物权凭证，但在托收或信用证支付方式下，托运人可凭运单副本办理托收或议付。

(2) 货票。货票是一种财务性质的票据。①在发站，货票是向托运人核收运输费用的收款收据。铁路货票是铁路运营的主要票据之一，是铁路部门运输统计、财务管理、货流货物分析的原始信息，也是运输高度指挥作业不可缺少的基础依据。②在车站，货票具有货物运输合同运单副本的性质，是处理货运事故向收货人支付运到逾期违约金和补退运杂费的依据；在运输过程中货票又是货物运输凭证，跟随货物一直到达目的站。铁路货票从运输业务上分为普通、联运、军运等不同形式；铁路货票从货物运载形式上分为整体、零担、集装箱等 3 种。铁路货票票面所记载的内容包括货物的运输、流向、名称、数量、包装、质量、计费等信息。根据运单填制的货票，印有固定号码为四联复写式票据。

技能训练

阅读下面的材料，分析讨论芦潮港铁路中心站建设的目的，为何该中心站海铁联运的货量在近几年呈逐年下降趋势？有何对策？

芦潮港铁路中心站位于上海市浦东新区芦潮港镇，距离洋山深水港码头约 40 km，可以容纳 4 列火车同时装卸集装箱，于 2005 年 12 月正式投入营运。芦潮港铁路中心站是全国总共 18 个中心站中第一个建成的，也是第一个建在港口的铁路集装箱中心站。该中心站的建设目的是实现洋山深水港区的集装箱快速集疏运，满足上海国际航运中心的发展需要，满足对外贸易及城市物流业的发展需要，加快铁路集装箱运输的发展。因此，大力发展国际集装箱铁路运输，特别是积极推动海铁联运发展是芦潮港铁路中心站的定位和重要责任。该中心站除为客户提供传统意义上的一般集装箱铁路运输模式外，还计划在“五定班列”开行的基础上，逐步开行铁路快速班列、双层班列。以中心站为责任主体，为船公司提供港到站（内陆铁路车站）和站（内陆）到港的全程一体化服务，为船公司代理港口提、送箱和办理铁路运输的一切服务。然而，该中心站海铁联运的货量在近几年却呈逐年下降趋势。与卡车运输快速发展使沪芦高速公路越来越拥挤不堪相比，该中心站显得冷冷清清。

（资料来源：知网）

复习提高

一、选择题

1. （　　）km 以下的短途运输成本，铁路运输要比公路运输高。

   A. 50　　B. 100　　C. 150　　D. 200

2. 根据托运人托运货物的数量、体积、形状等条件，铁路货物运输的形式可分为（　　）运输。

   A. 整车　　B. 零担　　C. 集装箱　　D. 托盘

   E. 特种

二、简答题

1. 铁路运输有哪些主要优点？
2. 铁路运输的“一批”有什么规定？

任务三　集装箱航空运输业务

任务导入

航空运输是一种现代化的运输方式。集装箱航空运输也是随着航空货物运输的发展而逐步开展起来的。近年来，随着国际贸易货物对运输要求的变化，集装箱航空运输在国际货物运输中的比重明显增大。下面我们和 Linda 一起学习集装箱航空运输业务相关知识。

任务目标

1. 集装箱航空运输的特点。
2. 集装箱航空运输的方式。

知识链接

一、集装箱航空运输的特点

（1）货物运输快速便捷。专用飞机的出现，最大限度地缩短运输的时间和距离。其不受江河山川等地形条件的影响，能跨越国界、地界飞行，对需要急运货物的货主来说，是一种较为快捷便利的运输方式。

（2）安全性能高。高科技在航空运输中的应用和对飞机的技术革新，要求地面服务、航行管制、设施保证、仪表系统、状态监控等技术水平得到提高，从而保证飞机飞行的安全性。由于采用集装箱装载，因此集装箱航空运输的安全性是比较高的。

（3）货物运输的价值性与经济性。一般来说，价值越高的货物越应采用安全性能高、运输时间短的运输方式。集装箱航空运输的出现，正是适应金银珠宝、贵重物品、快递急件等高价值物品的运输要求，同时节省费用与时间，可以创造出更高的经济价值。

（4）航空货运市场也就是集装箱货运市场。集装箱运输技术虽在全世界被广泛采用，但无论是水路承运人、公路承运人还是铁路承运人，在其所承揽的货物中，既有适合集装箱运输的货物，也有不适合集装箱运输的货物。因此，航空承运人所承揽的货物一般均为适箱货物，即航空承运人的货运市场就是集装箱货运市场。

(5) 货物的价值是判定其是否适于空运的主要条件。适于空运的特定货物的价值越高,其采用空运的可能性就越大,这是因为:①空运运费比水路、公路、铁路的运费都要高,而货物价值越高,越容易承担较高的运费;②货物价值越高,采用空运给货主带来的好处也就越多,包括保证货运质量、使商品及时投放市场、减少货物的库存量等。可见,货物的高价值无疑是促使货物采用航空运输的一个重要因素。随着全球经济一体化的不断加强和世界贸易的高速扩展,快速、可靠、灵活以及高附加值的集装箱航空运输在整个货运领域中所发挥的作用越来越突出。

(6) 货物的运送时间要求是判定其是否采用空运的重要因素。区域经济的分工与协作以及不同的自然地理条件使产品产生差异,促进不同地区之间的货物流通,例如荷兰种植的郁金香花,由于独特品种,就需要空运销往世界各地,以满足人们生活上的需求。因此,特定的普通件货或急件货物,其价值虽然并不很高,但运送的时间要求却很高,在航空货运量中占有相当大的比重。

二、集装箱航空运输的方式

(1) 班机运输指具有固定开航时间、航线和停靠航站的飞机,通常为客货混合型飞机,货舱容量较小,运价较贵,但由于航期固定,有利于客户安排鲜活商品或急需商品的运送。其特点有:①班机由于固定航线、固定停靠港和定期开航班,因此国际间货物流通多使用班机运输方式,能安全迅速地到达世界上各通航地点;②便利收、发货人确切掌握货物起运和到达的时间,这对市场上急需的商品、鲜活易腐货物以及贵重商品的运送是非常有利的;③班机运输一般是客货混载,舱位有限,因此不能使大批量的货物及时出运,往往需要分期、分批运输,这是班机运输的不足之处。

(2) 包机运输是指航空公司按照约定的条件和费率,将整架飞机租给一个或若干个包机人(即发货人或航空货运代理公司),从一个或几个航空站装运货物至指定目的地。包机运输适合于大宗货物运输,费率低于班机,但运送时间则比班机要长。

(3) 集中托运可以采用班机或包机运输方式,是指航空货运代理公司将若干批单独发运的货物集中成一批向航空公司办理托运,填写一份总运单送至同一目的地,然后由其委托当地的代理人负责分发给各个实际收货人。这种托运方式可降低运费,是航空货运代理的主要业务之一。

(4) 急件传递是由快递公司与航空公司合作,向货主提供的快递服务,其业务包括:由快递公司派专人从发货人处提取货物后以最快航班将货物出运,飞抵目的地后,由专人接机提货,办妥进关手续后直接送达收货人,称为"桌—桌"运输。这是一种最为快捷的运输方式,特别适合于各种急需物品和文件资料。

三、集装箱航空运输开展的条件

开展集装箱航空运输同样也需要集装箱航空货源,适合集装箱航空运输的设备、设施以及相应的组织机构等。但与其他集装箱运输方式相比,开展集装箱航空运输有其特殊性:

(1) 集装箱航空货源。集装箱航空运输的适箱货源主要是价值高,对运送速度、安全性能要求较高的货物。适箱货源的特点决定集装箱航空运输的货源往往是小批量的，无法像海上集装箱铁路运输那样可组织大批量货源。为节省营运成本，航空承运人通常只负责货物从一个机场至另一个机场的运输，而揽货、接货等业务则由航空货运代理办理。因此，在集装箱航空运输中空运代理的作用特别重要。

(2) 航空集装箱。国际航空运输协会将航空运输中使用的集装箱称为成组器，包括航空用成组器和非航空用成组器，见表 5－1。

表 5－1　航空集装箱分类

- 航空集装箱
  - 航空成组器
    - 部件组合式
      - 航空用托盘
      - 航空用货网
      - 固定结构圆顶集装箱
      - 非固定结构圆顶集装箱
    - 整体结构式
      - 主货舱用集装箱
      - 下部货舱用集装箱
  - 非航空成组器
    - 国际航空运输协会标准尺寸集装箱
    - 国际标准集装箱
      - 航空运输专用集装箱
      - 陆-空联运集装箱
      - 海-陆-空联运集装箱

航空用成组器是指装载在飞机内与固定装置直接接触，不用辅助器就能固定的装置，它可以看成是飞机的一部分，从结构上又可分为部件组合式和整体结构式 2 种。其中：部件组合式有航空用托盘、航空用货网、固定结构圆顶集装箱和非固定结构圆顶集装箱等；整体结构式则有主货舱用集装箱、下部货舱用集装箱等。

非航空用成组器是指未满足上述航空用成组器条件的成组器。这种成组器可用叉车进行装卸，按照航空用成组器或飞机货舱的形状实现标准化，而且必须根据国际航空运输协会规定的标准规格制造。

国际航空运输协会对属于非航空用成组器范畴内的货主登记的集装箱给予的定义为：这种集装箱是指用铝、波纹纸、硬板纸、玻璃纤维、木材、胶合板和钢材等组合制成，并可以铅封和密封的箱子。其侧壁可以固定，也可以拆卸。这些用于空运的集装箱一般采用铝合金或高强度纤维(玻璃钢)等材料制作，由于不受海运或其他装卸作业的压力，不需要重型角铸件、角柱，比国际标准化集装箱要轻得多。航空用集装箱的上部通常制作成圆顶结构，使之能与飞机机体相应部分的形状相一致，以充分利用飞机货舱的容积，并避免因碰撞或摩擦对飞机造成损伤。随着科学技术和国际多式联运的发展，一些新型宽体飞机已能载运 20 英尺国际标准集装箱。

(3) 装卸搬运等设备。为装卸和搬运集装箱及其他成组器，机场必须配备专用装卸搬运设备，如牵引车、挂车、吊机、货物输送机等。

四、集装箱航空运输的一般流程

(1) 托运人向空运代理企业或机构办理托运，由民航填开航空运单。航空运单是承运人与托运人之间的货运契约，也是航空运输凭证。航空运单由两组文字组成，其中：第一组文字“999”为中国民航代号;第二组文字为航空运单程序号码。航空运单一般有正本三份,副本若干份,正本一份随货同行,一份留承运人,一份交发货人。

(2) 空运代理企业或机构接受托运申请后,向航空公司订舱,并由空运代理用车将货物运到机场。

(3) 空运代理检查进出口许可证是否完整,办理政府规定需办理的其他手续,同时为发货人办理保险。

(4) 货物运至目的地后,由航空公司以书面或电话通知收货人提货。收货人接到通知后应自行办妥海关手续并当场检查货物有无损坏。

技能训练

阅读下面的航空运输实际操作基础知识,分析讨论航空主运单和分单的区别,实际业务操作中如何吃泡和靠级。

1. 集装箱空运单

航空总运单是航空公司签发的(大部分仍由航空公司印刷,总运单号直接印刷在运单上,目前部分航空公司开始使用中性运单,则不适用上述情况),代表与托运人签订的运输合同。与海运提单不同,航空总运单仅仅是运输合同,不是物权凭证。因此,航空运单不能像海运提单一样进行签转和物权的转让。航空分运单是货运代理公司签发的(一般为代理公司自行印刷),代表货运代理公司与托运人运输合同。

总运单号的构成是航空公司 3 字代码+8 位数字(如 999-11111111),总运单最后一位数字为校验码(校验规律为最后一位数字应是前 7 位数字除以 7 的余数,因此总运单号的最后一位应该是比 7 小的数字)。分运单的号码组成没有必然的规律,一般为签发分运单的公司代码+一串数字(如 CTS1234567)。如果有分运单,必然有总运单,则总运单上的收发货人一般为货运代理公司,而且总单的品名栏必须显示“Consolidation as per attached manifest”。分运单件数相加必须等于总运单件数。分运单毛重相加一般必须等于总运单毛重(在收货国没有质量限制规律时,可不相等,如日本)。

2. 吃泡定义

由于货物混载及货物集装,可以将泡货和重货搭配,从而使整体货物的计费质量小于泡货计费质量与重货计费质量之和。二者之间的差距就是所吃掉的泡,俗称吃泡。例如:货物 1,1 000 kg,3 m^3,体积质量 500 kg,计费质量 1 000 kg(重货);货物 2,1 000 kg,10 m^3,体积质量 1 667 kg,计费质量 1 667 kg (泡货);货物 1+货物 2,2 000 kg,13 m^3,体积质量 2 167 kg (但如果直接将货物 1 和货物 2 的计费质量相加为 2 667 kg)。因此,2 667 kg 与 2 167 kg 之间的差距 500 kg 就是所吃掉的泡货质量。

3. 靠级定义

当(货物计费质量×该质量等级价格)>(更高价格质量等级×更高质量等级价格)时,计费质量=更高价格质量等级≠货物实际计费质量。例如:95 kg,0.5 m^3的货物,此时的价格为 15 元/kg(45 kg),10 元/kg(100 kg),则(95 kg×15 元/kg=1 425 元)>(100 kg×

10 元/kg=1 000 元)，所以此时的计费质量应填制 100 kg 而非 98 kg，这种操作称为靠级。

此处所指的价格均为航空公司的结算价格，而非运单上显示的 TACT 运价。当原来 M 级运价的货物靠到 Q 等级价格时，应注意要同时修改运单上的货物运价等级；当货物质量离上一等级质量的质量差距小于上一等级质量的 15%时，应注意是否需要靠级，如上一等级是 100 kg，则货物>85 kg 时应考虑是否靠级。

复习提高

一、选择题

1. 在以下 4 种运输方式中，运输成本最高的是(　　)。
   A. 铁路运输　　B. 公路运输　　C. 航空运输　　D. 水路运输
2. 计算航空运费时，以航空公司称量的质量为准。质量单位一般以 kg 来表示。运价类别一般以(　　)来表示。
   A. ABCDE　　B. 一二三四五六
   C. 甲乙丙丁戊　　D. MNQCRS
3. 班机运输具有(　　)的特点。
   A. 迅速准确　　B. 方便货主　　C. 舱位较多　　D. 舱位有限
   E. 时间灵活
4. 一般所称的“桌—桌”运输是指(　　)。
   A. 陆桥运输　　B. 微桥运输　　C. 集中托运　　D. 急件传递

二、简答题

1. 集装箱航空运输的特点和方式有哪些?
2. 集装箱航空运输开展的条件有哪些?
3. 集装箱航空进出口业务流程如何进行?

任务四 集装箱多式联运业务

任务导入

集装箱多式联运是一种利用集装箱进行联运的新的运输组织方式。其通过采用海、陆、空等两种以上的运输手段，完成国际间连贯的货物运输，从而打破过去海、铁、公、空等单一运输互不连贯的传统做法。如今，提供优质的国际多式联运服务已成为集装箱运输经营人增强竞争力的重要手段。下面我们和 Linda 一起学习集装箱多式联运相关知识。

任务目标

1. 集装箱多式联运的含义和特征。
2. 集装箱多式联运的业务流程。

知识链接

一、多式联运的定义和特征

（一）多式联运的定义

“多式联运”一词最早出现在 1929 年《华沙公约》，而关于其英文，有“Multimodal Transport”和“Intermodal Transport”两种。由于体制、环境和视角的不同，目前各个国家对于多式联运内涵的界定也不尽相同。

2017 年，在充分借鉴并吸收我国现有术语和国外术语的基础上，结合我国多式联运的发展现状以及未来发展趋势，交通运输部发布《货物多式联运术语》（JT/T 1092—2016，2017 年 4 月 1 日正式实施）。其中：联合运输被定义为“从接受委托至到达交付，组织两程或使用两种以上的运输方式完成的货物运输形式”；多式联运被定义为“货物由一种且不变的运载单元装载，相继以两种或多种运输方式连续运输，并且在快速转换运输方式的过程中没有对货物本身进行操作的运输方式”；而所谓的运载单元是指“可以在不同运输方式之间实现快速装卸和转换的标准化储运容器，包括但不限于集装箱、可拆卸箱体和半挂车等”。

（二）多式联运的特征

(1) 签订一份全程多式联运合同。在多式联运中，无论货物运输使用几种不同的交通运输方式，全程多式联运经营人都要与发货人签订一份全程多式联运合同。多式联运合同用来确定多式联运经营人与发货人之间权利、义务、责任、豁免的合同关系和运输性质，是整个多式联运的约束。

(2) 多式联运经营人对货物运输全程负责。在多式联运中，多式联运经营人负责办理货物运输的所有事项。货主与多式联运经营人签订多式联运合同后，多式联运经营人对运输全程负责。货物在运输途中若发生灭失、损坏、延期，货主均可向多式联运经营人索赔。此外，每一运输区段的承运人对自己运输区段的货物损害承担责任。

(3) 多式联运经营人签发一份多式联运单证。多式联运单证是证明多式联运经营人接管货物和负责按合同条款交付货物的凭证，满足不同运输方式的需求，一次付费，计收全程运费。

(4) 必须是国际间货物运输。有别于国内货物运输，多式联运必须是国际间的货物运输。

(5) 采用两种或两种以上运输工具的连续运输。多式联运必须是相继以两种或多种运输方式连续运输，并且在快速转换运输方式的过程中没有对货物本身进行操作。

(6) 多式联运全程计收单一费率。多式联运是一票到底，实行单一运费率的运输。发货人只要订立一份合同、一次托运、一次付费、一次保险，通过一张单证即可完成全程运输。

二、多式联运的运输组织形式

多式联运是采用两种或两种以上不同运输方式进行联运的运输组织形式。因此，多式联运的运输组织形式既包括公铁联运、铁水联运、海铁联运、公水联运、空陆联运、公空联运、铁空联运、公铁水联运、陆桥运输等多式联运基本模式，也包括集装箱多式联运、滚装运输、驼背运输、箱驮运输、铁路双层集装箱运输、卡车航班等多式联运基本模式的特定形式。

（一）海陆联运

海陆联运是多式联运的主要组织形式，即将陆上（铁路）运输同海上（船舶）运输组合起来，共同完成某项货物运输的多式联运，主要分为海铁联运和公海联运。海陆联运是远东—欧洲方向多式联运采用的主要组织形式之一。这种组织形式以航运公司为主体，签发联运提单，与航线两端的内陆运输部门开展联运业务，与大陆桥运输展开竞争。

（二）陆桥运输

陆桥运输是指利用横贯大陆的铁路（公路）运输系统作为中间桥梁，将大陆两端的海洋连接起来的连贯运输方式，在多式联运中起着非常重要的作用。简单地说，就是两边是海运，中间是陆运，大陆将海洋连接起来，形成海陆海联运，而大陆起到“桥”的作用，所以称之为“陆桥”。从形式上看，陆桥运输是海陆海的连贯运输，但实际在做法上已在世界集装箱运输和多式联运的实践中发展成多种多样。目前的陆桥运输主要包括西伯利亚大陆桥、新亚欧大陆桥、北美大陆桥以及由北美大陆桥演化而来的小陆桥运输、微桥运输、IPI运输和形似多式联运而非多式联运的北美OCP运输。

（三）海空联运

海空联运又被称为空桥运输，始于20世纪60年代，在20世纪80年代得到较快发展，指的是货物在航空港换入集装箱，最终交货运输区段由空运完成。海空联运的运输时间少于全程海运，运输费用低于全程空运。1960年底，原苏联航空公司开辟经由西伯利亚至欧洲航空线；1968年，加拿大航空公司参与多式联运；20世纪80年代，出现经由香港、新加坡、泰国等至欧洲航空线。这种联运组织形式以海运为主，只是最终交货运输区段由空运承担。

目前，国际海空联运线主要有：①远东—欧洲。远东与欧洲间的航线有以温哥华、西雅图、洛杉矶为中转地，也有以香港、曼谷、海参崴为中转地，还有以旧金山、新加坡为中转地。②远东—中南美。近年来，远东至中南美的海空联运发展较快，这是因为此处港口和内陆运输不稳定，对海空运输的需求很大。该联运线以迈阿密、洛杉矶、温哥华为中转地。③远东—中近东、非洲、澳洲。这是以香港、曼谷为中转地至中近东、非洲的运输服务。在特殊情况下，还有经马赛至非洲、经曼谷至印度、经香港至澳洲等联运线，但这些线路货运量较小。

三、多式联运业务流程

多式联运经营人是全程运输的组织者。在国际多式联运中，其主要业务流程见图5-1。

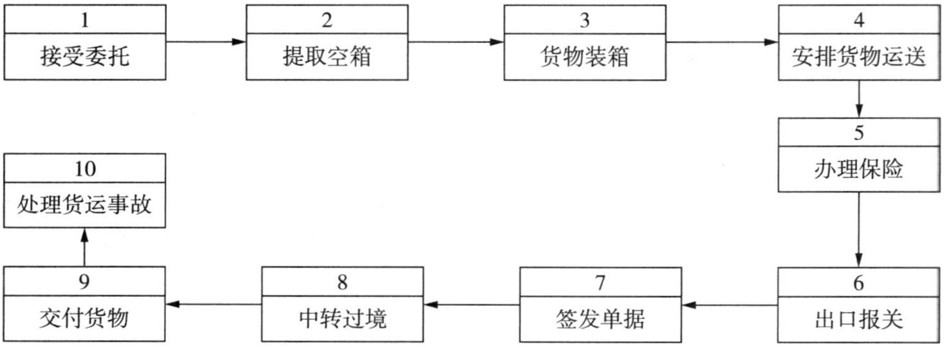

图**5-1**　多式联运业务流程

技能训练

阅读下面的多式联运案例，分析讨论如果A公司委托C公司出运货物，整个多式联运业务如何展开？整个业务流程中涉及哪些单证？

北京某出口商A公司与美国某进口商B公司签订一份货物买卖合同。该批货物为大批服装，拟用集装箱运输，从北京运至纽约。全程运输将分为3个区段，首先是从北京至天津的公路运输，其次是天津到旧金山的国际海运，最后是从旧金山到纽约的铁路运输。合同规定由A公司安排该批货物的出运。在传统运输方式下，这一运输过程将由多个承运人采用接力的方式分段完成。A 公司只能通过与各段承运人分别订立运输合同才能最终实现货物的全程运输。之后 A 公司在市场上发现有一 C 公司，承诺可以接受 A 公司委托完成各项工作，并且只需要订立一份运输合同，一次性收取包干运费，使用一票提单结汇。

复习提高

一、选择题

1. 多式联运经营人对货物承担的责任期限是（　　）。

   A. 自己运输区段　　　　B. 全程运输

   C. 实际承运区段　　　　D. 第三方运输区段

2. 国际货运代理企业经营多式联运并签发多式联运提单时，其法律地位是（　　）。

   A. 代理人　　B. 承运人　　C. 发货人　　D. 收货人

二、判断题

1. 分段运输就是多式联运。（　　）
2. 无船承运人可以作为多式联运经营人。（　　）
3. 在多式联运方式下，发货人只需持多式联运单据就可结汇，而不必考虑是否装船。（　　）
4. 多式联运就是两种或两种以上运输方式的联合运输。（　　）

三、简答题

1. 集装箱多式联运涉及哪些当事人，有哪些基本业务？
2. 集装箱多式联运的定义和特征是什么？

模块六

集装箱运费计算

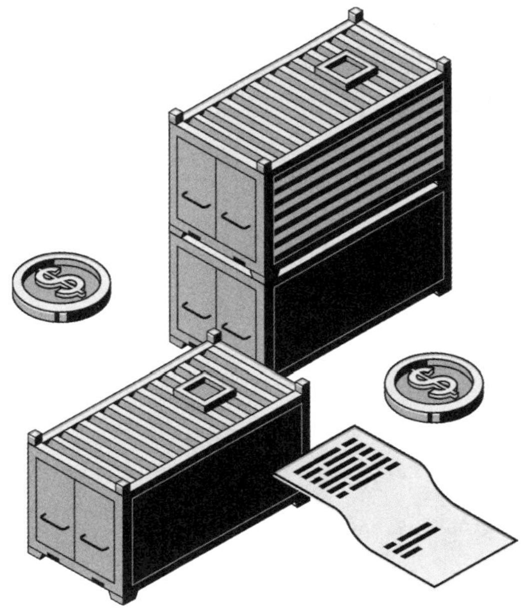

学习导入

为补偿国际集装箱运输过程中的各项支出以及获得一定的利润，集装箱运输经营人应向集装箱货物托运人收取一定的运输费用，称为集装箱运费。由于集装箱运输打破“港—港”交接的传统，可以实现“站—站”乃至“门—门”的运输，使得承运人的运输路线增长，运输环节增多，运输全过程花费的成本及成本构成与传统运输有很大区别。在具体计算过程中，传统海运运费的分方式、分段计算运费总额这一计费原理虽适用集装箱运费的计算，但集装箱运输向内陆延伸的范围更广，计费项目更多。本模块我们主要从集装箱运费计算原理和计费标准、运费基本构成、整拼箱货海运费、铁路运费、公路运费和航空运费等方面进行学习。

学习目标

1. 知识目标

(1) 了解并熟悉集装箱运费计算原理和标准，以及国际集装箱运费构成。

(2) 了解并熟悉各种运输方式下的集装箱运费计算公式。

2. 技能目标

(1) 掌握整拼箱海运运费的计算。

(2) 掌握铁路运输和公路运输方式下集装箱运费的计算。

(3) 掌握航空运费的计算方法。

任务一　集装箱运费计算基础

任务导入

Linda 已基本完成一票集装箱货物的多式联运操作，现在到了费用结算环节。这关系到公司的收入和营业利润，Linda 不敢掉以轻心，她找出当时的报价单和实际运输的发票，分析多式联运中各区段及节点发生的费用，准备进行集装箱运费的核算。下面我们和 Linda 首先学习运费计算原理和标准，以及运费构成相关知识，然后进行海运运费和其他运输方式运费的计算。

任务目标

1. 集装箱运费计算的原理和标准。
2. 集装箱运费的基本结构。
3. 不同交接方式下的集装箱运费构成。

知识链接

一、运费计算原理与计费标准

(一) 运费计算原理

1. 运费与运价概念

运费是指运输经营人向托运人收取的一定运输费用，包括运输承运人的各项作业成本、企业的合理利润和向国家上缴的税金。运费的单位价格即运价，其不是一个简单的价格金额，而是包括费率标准、计收办法、承托双方责任、费用、风险划分等的一个综合价格体系。

2. 运费计算公式

运费计算公式为

$$运费(F)=运价(R)\times 计费数量(Q)$$

运价的制定一般从成本、竞争、客户等 3 个方面进行考虑。运价是运费的单位价格，计算过程中要注意因计费标准不同而形成的不同运价形式，如元/TEU、元/t、元/m^3、元/运费吨等。

（二）海运运费计费标准

集装箱海运运费的计算办法分为基本运费和附加费。海运运费的计费标准是指计算运费时使用的计算单位，承运人制定的运价表中都具体规定各种不同商品的运费计算标准。

（1）W(weight)：该种货物应按其毛重计算运费。

（2）M(measurement)：该种货物应按其尺寸或体积计算运费。

（3）W/M：该种货物应分别按其毛重和体积计算运费，取较高者。

（4）Ad.Val.(ad valorem)：该种货物应按其 FOB 价格的某一百分比计算运费，称为从价运费。

（5）Ad.Val.or W/M：该种货物应分别按其 FOB 价格的某一百分比和毛重或体积计算运费，选其较高者。

（6）W/M plus Ad.Val.：该种货物除应分别按其毛重或体积计算运费，并选较高者之外，还要加收按货物 FOB 价格的某一百分比计算的运费。

（三）集装箱运费的计费标准

集装箱整箱货以箱为计费单位，可折叠的标准空箱，4 只及 4 只以下摞放在一起的，按 1 只相应标准重箱计算。此外，公路集装箱整箱货以箱千米作为基本运费的计费标准；铁路集装箱整箱货以箱千米作为运行费用的计费标准。集装箱拼箱货物的计费吨，分质量吨和体积吨，其中：质量吨为货物的毛重，以 1 000 kg 为 1 计费吨；体积吨为货物“满尺丈量”的体积，以 1 m^3 为 1 计费吨。

二、集装箱运费的基本结构

集装箱运输产生之前，从运输全程来看，传统的件杂货运价是分方式、分段计算的。作为承担绝大部分国际运输的海运段运价构成是建立在“港—港”交接基础上的，仅包括货物的海上运费和船边装船、卸船费用，一般把这 3 项费用称为海运运费。在国际多式联运下，集装箱货物交接从港口向内陆延伸，交接地点延伸使运输经营人的责任和风险扩大到内陆港口、货运站、货主工厂或仓库等内陆地点，这使得集装箱运费构成不仅包括集装箱海运运费，而且还应包括发货地集运费、装货港区服务费、海运运费、卸货港区服务费、收货地疏运费等，见图 6－1。

图 6－1　集装箱运费基本结构

（一）集装箱海运运费

集装箱海运运费是指海上运输区段的费用，包括基本海运运费及各类海运附加费，是集装箱运费收入的主要部分。一般集装箱运输承运人根据班轮联盟或班轮公司运价本的规定，向托运人或收货人计收集装箱海运运费。

（二）集装箱港区服务费

集装箱港区服务费包括集装箱码头堆场服务费和货运站服务费。①堆场服务费又称码头服务费，包括图 6-1 中的(2)和(4)两个部分，即装船港堆场接收出口的整箱货、堆存和搬运至装卸桥下的费用，在卸船港在装卸桥下接收进口箱、将箱子搬运至堆场和堆存的费用，以及在装卸港的单证等费用。②货运站服务费指拼箱货物经由货运站作业时的各种操作费用，包括提还空箱、装箱、拆箱、封箱、做标记，在货运站内货物的正常搬运与堆存，签发场站收据、装箱单，必要的分票、理货与积载等费用。

由于拼箱货物在集装箱交接及运作上与整箱货物不同，故在实际拼箱货物运输操作中常将集装箱运费结构概括为海运运费和拼箱服务费两大块。其中，拼箱服务费指除海运运费外，包括在装卸两端拼箱货物所有的操作费用，即除拼箱货物的货运站服务费外，还包括从货运站至码头堆场的搬运费及堆场服务费。船公司对拼箱货总运费可对海运运费、拼箱服务费两个部分分别收取，也可将此两个部分费用合并计收。

（三）国际集装箱集散运费

集装箱集散运输又称为支线运输，对于集装箱远洋干线运输而言，是国际集装箱运输的一种运输组织方式。干线集装箱船舶停靠集装箱枢纽港，通过内河和沿海支线及公路、铁路支线网络系统实现集中集装箱货物，以及通过这个支线网络系统实现疏散集装箱货物。

（1）水路支线运费。水路支线运费是指将集装箱货物由收货地经水路（内河、沿海）集散港运往集装箱堆场的集装箱运费，或者由集装箱堆场经水路（内河、沿海）集散港运往交货地的集装箱运费。

（2）内陆运输费。内陆运输费是指经陆路（公路或铁路）将集装箱货物运往装船港口的运输费用或将集装箱货物经陆路（公路或铁路）运往交货地之间的运输费用。

三、不同交接方式下的集装箱运费构成

集装箱不同交接方式下的运费项目构成见表 6-1。

表 6-1　集装箱不同交接方式下的运费项目构成

接货	交货	集散费 1	服务费 2 货运站	服务费 2 堆场	海运费 3	服务费 4 堆场	服务费 4 货运站	集散费 5
CY	CY			√	√	√		
CY	CFS			√	√	√	√	

表 6-1(续表)

接货	交货	集散费 1	服务费 2 货运站	服务费 2 堆场	海运费 3	服务费 4 堆场	服务费 4 货运站	集散费 5
CY	DOOR			√	√	√		√
CFS	CY		√	√	√	√		
CFS	CFS		√	√	√	√	√	
CFS	DOOR		√	√	√	√		√
DOOR	CY	√		√	√	√		
DOOR	CFS	√		√	√	√	√	
DOOR	DOOR	√		√	√	√		√

技能训练

阅读下面的材料，分析讨论 2019 年上半年，为何集装箱运价呈现下跌趋势？集装箱运价受哪些因素的影响？

2019 年上半年集装箱运价总体表现疲软，不同航线运价分化。年初，中国春节短期小高峰后运价回落，货量的恢复速度较往年缓慢，总体运输需求不振，各航线运价总体呈下行态势。4 月，班轮公司在多条航线的运价上涨计划未能使运价回归到节前水平，但基本稳住运价跌势。截至 2019 年 6 月 21 日，中国出口集装箱运价综合指数均值为 828.05 点，同比上涨 4.05%。分航线来看，太平洋航线前期受中美贸易摩擦影响，因货主提前发货透支运输需求，货量下滑，运价承压。3 月起，班轮公司开始采取一定程度的运力控制措施，海洋联盟连续两个月取消部分跨太平洋航行，推动运价小幅上涨。同时，中美贸易争端反复，未来市场表现不确定性增大。欧元区制造业 PMI 自 2 月持续收缩，德国、英国等欧洲主要经济体经济增速放缓，对亚欧航线运输需求产生不利影响，大型船舶交付投入亚欧航线，15 000 TEU 以上的集装箱船占总运力的 52%，班轮公司为保市场份额，降价揽货，运价呈下跌趋势。

（资料来源：航运评论）

复习提高

一、选择题

1. 在国际海上集装箱班轮运输中，运价本中没有的内容是(　　)。

A. 条款和规定　　B. 船期

C. 费率　　D. 商品分类

二、判断题

1. 在班轮公司运价表中，规定计算运费的单位为运费吨，这表明按货物的质量计收运费，而不按货物的体积计收运费。（　　）

三、操作题

1. 出口拼箱货物200件，每件95 kg，体积100 cm×40 cm×25 cm，查集装箱班轮公司运价表计收标准W/M，等级8级，80美元/运费吨，另收港口附加费10%，直航附加费5%。请计算拼箱货物海运运费。

任务二 集装箱海运运费计算

任务导入

承运人采用的运输经营方式不同，其运费计收方法也各不相同。集装箱海运运费是集装箱货运中的主要费用。学会海运运费的计算是一名合格的集装箱货运从业人员所必须具备的能力。下面我们和 Linda 一起学习集装箱拼箱货和整箱货海运运费计算相关知识。

任务目标

1. 集装箱整箱货和拼箱货的海运运费计算方法。
2. 集装箱海运常见附加费。

知识链接

一、集装箱海运运费的计算

（一）整箱货运费计算

大部分集装箱班轮公司采用以箱为单位的计费方式，实行包箱费率。包箱费率是船公司根据自身情况以不同类型的集装箱为计费单位，确定整箱货的不同航线包干费。整箱货包箱费率通常包括集装箱海上运输费用及装卸港口码头装卸费用。少数船公司仍采用传统件杂货运费计算方法（拼箱货一般也采用件杂货运费计算方法），但会同时规定最低计费吨和最高计费吨，作为运费计算的限制，因使用越来越少，故不再赘述。

（1）FAK 包箱费率。FAK 包箱费率是只分箱型而不分箱内货物种类，不计箱内所装货物质量（在箱型规定的质量限额内）统一收取的包箱基本运价。一般，在采用包箱费率的航线上对普通货物不分等级，但对化工品、半危险品、全危险品和冷藏货物等 4 种特殊货物会另外规定运价，而且这 4 种特殊货物一般会在运价本附录中列明或通过《国际危规》说明。

（2）FCS 包箱费率。FCS 包箱费率是分箱型对货物按不同货物种类和等级制定的包箱费率，属于货物（或商品）包箱费率（CBR）。在这种费率中，对普通货物进行分级，通常在件杂货1～20级中分4档，对传统件杂货等级进行简化，级差要大大小于件杂货费率的级差。使用FCS包箱费率时应先根据货名查找货物等级，然后在航线运价表中按FCS包箱费率中货物分级的大类、不同的交接方式及集装箱箱型，查得相应的每个集装箱的运价。

(3) FCB包箱费率。FCB包箱费率是在FCS包箱费率计费方式的基础上，针对货物计费标准的不同分别制定不同的包箱运价。显然，在这种费率下，以质量吨或体积吨为计费吨时，其包箱费率并不相同。

(4) 运量折扣费率。运量折扣费率是为适应集装箱运输发展需要而出现的又一费率形式，其实际上就是根据托运货物的数量给予托运人一定的费率折扣，即托运货物的数量越大，支付的运费率就越低。当然，这种费率可以是一种均一费率，也可以是某一特定商品等级费率。由于这种运量激励方式是根据托运货物数量确定运费率，因而大货主通常可以从中受益。

【例题】 某票货从张家港出口到欧洲费力克斯托，经上海转船。2×20英尺集装箱整箱装载，上海到费力克斯托的费率是1 850美元(20英尺)，张家港经上海转船，其费率在上海直达费力克斯托的费率基础上加100美元(20英尺)，另有币值附加费10%，燃油附加费5%。问：托运人应支付多少运费？

解：由于是整箱货，以箱为单位计费，基本运费=(1 850美元+100美元)×2=3 900美元，币值附加费=3 900美元×10%=390美元，燃油附加费=3 900美元×5%=195美元。因此，海运运费=基本运费+币值附加费+燃油附加费=4 485美元。

(二) 拼箱货运费的计算及常见的附加费项目

拼箱货运费计算同传统件杂货运费计算相类似，即基本上按所托运货物的实际运费吨计费(W/M)，货物不足1 t或1 m^3按1运费吨计收。除加收传统的海运附加费项目外，还会加收与货运站作业有关的费用，如拼箱服务费、困难作业费、超重或超大件作业费，另外因拼箱货不接受变更目的港的要求，所以没有选港附加费和变更目的港附加费。常用附加费缩写及其解释见表6-2。

表6-2　常用附加费缩写及其解释

缩写	名称	解释
THC	码头装卸费	货物集港后由堆场转送上船的费用，通常单位是元，一般小柜在1 000元以内，大柜在2 000元以内
ORC	原产地收货费	此费用是THC的一种衍生费用，在两广地区出口至欧美、中南美、以色列周边、非洲个别航线上，船舶所有人会使用ORC替代THC费用。实际工作中，可以将其当作THC费用
DOC	文件费	船公司为货物运输中收取的文件制作和流通费用，收费标准是按票收
SEALF	封条费	又称铅封费，是对集装箱封箱时使用的封条锁收取的费用。注：铅封是锁，不是封条纸
LSS	低硫燃油费	在某些航线上，由于相关的环保规定，船舶需要使用成本更高的低硫燃油，于是就产生低硫费，因而需征收LSS

表 6-2(续表)

缩写	名称	解释
ISPS	船舶与港口安保费	为保护国际航行船舶安全和地区港口安全而收取的一项费用。这一费用是否收取因港口和船舶所有人而异
EIR	设备交接单费	在出口集港和进口提箱时必备的单据,包含集装箱所在船舶和集装箱有无破损详细资料
AMS	美线自动舱单系统录入费	“9·11”事件以后,因反恐需要,美国海关要求 2003 年 2 月 1 日开始启程运往美国港口的集装箱货物,其承运人必须在国外港口装货前至少 24 小时以电子方式通过美国设置的“自动舱单系统”,向美国海关提交准确完整的货物申报单
ENS	欧盟线自动舱单系统录入费	与美线的 AMS 费用是一种费用,只是 ENS 针对对象是出口到欧盟国家的集装箱
PCS/CIC	港口拥挤费/集装箱不平衡费	这两个费用实际上是一种费用。当一个港口集装箱进口量超出集装箱出口量一定规模时,该港口会因为集装箱流入过多、流出过少导致集装箱滞留于该港口,拥堵港口,船公司为降低空箱场地费用,会空箱运回部分集装箱。为降低这一损失,船公司就会额外向收发货人征收 PCS/CIC 费用
WRS	战争风险附加费	当地区出现战争风险时,船舶航行可能面临危险,船公司针对这一风险,向发货人征收 WRS 费用
CAF	货币贬值附加费	其是船公司在汇率急剧变化的时候,为降低货币贬值时产生的汇率风险损失,将可能存在的货币贬值风险部分转嫁给收发货人
BAF	燃油附加费	此费用在燃油价格突然急速上涨时征收,船公司分摊成本给发货人的一种方式
PSS	旺季附加费	在舱位供不应求时,船公司额外征收的费用,舱位供不应求有两种主要原因:第一种是贸易规模的季节性上升拉动运输需求上升,第二种是船公司为提高利润,在部分低利润或者亏损航线压缩班轮运输数量,形成一种人为的供不应求状态
OWS	超重费	OWS 是集装箱超出船公司规定的限重而收取的费用,基本这一费用主要针对 20 英尺小重柜

(三) 常见口岸杂费

货物在港口口岸通常发生的费用有场地装箱费、港口设施保安费、港杂费、文件费、商检代理费、报关费、电放费、改单费、舱单传输费、装箱费、堆场超期使用费等。费用开征项目及金额视具体口岸、船公司和航线而有所差别。

(四) 最低运费

对于由货主自行装箱且不是实行包箱运费的整箱货,班轮公会通常只计算箱内所装货物的吨数,不对集装箱自身质量或者体积收费,而对集装箱装载率有最低要求,即最低运费,以便在箱内货物没有装满时确保船公司的利益。

【例题】 某班轮公司规定，某航线上20英尺干货箱装载货物的最低限量为22 m^3或17.5 t。现有小家电10 t、20 m^3，已知费率22.5美元/m^3，按最低运费计算这批小家电应付运费。

解：货物实际体积20 m^3小于最低限量22 m^3，故运费＝22 m^3×22.5美元/m^3＝495美元。

(五) 最高运费

货主自装的实际装箱货物的质量或体积吨超过规定计费吨，承运人仍按该箱子规定的最高计费吨收取运费，超出部分免收运费，以鼓励货主使用集装箱装运货物，并能最大限度地利用集装箱的内容积。

【例题】 一批汽车配件，其体积吨大于质量吨，实际装入40英尺集装箱内的体积为58.5 m^3，运价基本费率75美元(W/M)，燃油附加费10美元/运费吨，货币贬值附加费6.5%，船公司规定的最高运费吨为40英尺箱55 m^3。求这批货物应付运费。

解：运费＝75美元/m^3×55 m^3×(1＋6.5%)＋10美元/m^3×55 m^3＝4943.13美元。

技能训练

阅读下面的案例材料，分析并计算该批货物的运费，讨论从节省海运费角度考虑是否应选择改用集装箱运输?

某出口商A公司委托国际物流公司B将一批杂货——人造纤维从广州黄埔港运往欧洲某港口，该票货物体积为20 m^3、毛重为34.8 t。A公司要求选择卸货港鹿特丹或汉堡港，鹿特丹和汉堡港都是基本港口，其基本运费率为80.0美元/运费吨，3个以内选卸港的附加费率为每运费吨加收3.0美元，计费标准为“W/M”。请问：①物流公司B应向托运人A收取多少运费(以美元计)? ②如果改用集装箱运输，海运费的基本费率为1 100.0美元/TEU，货币附加费10%，燃油附加费10%。改用集装箱运输时，托运人应支付多少运费(以美元计)? ③若不计杂货运输和集装箱运输两种运输方式的其他费用，托运人从节省海运费考虑是否应选择改用集装箱运输?

复习提高

一、选择题

1. 在集装箱班轮运输中，FAK是指(　　)。

　A. 不同等级费率　　　　B. 均一包箱费率

　C. 质量/尺码选择费率　　　　D. 选择航线费率

二、计算题

1. 从工厂得到货物装运信息见表6-3。

表 6-3　包装信息

商品规格	海关编码	箱量/箱	总量/kg	净重/kg
100%棉质工装衣库	62113290.29	250	5 750	5 250
100%棉衬衫	62052000.99	60	1 980	1 860
100%棉单品	61091000.10	4	248	240
总和		314	7 978	7 350

请根据上面的信息完成如下任务：①假定纸箱的尺寸是 60 cm×70 cm×70 cm，根据拟装运的信息，一个小柜最多能装多少个纸箱？共需要几个小柜？②如果从装运港到目的港每个小柜的费用是 1 200 美元，燃油附加费是 60 美元/TEU，货币贬值附加费是 80 美元/TEU，旺季附加费是 30 美元/TEU，若对客户报“ALL IN RATE（总运费率）”，应报多少？若对客户报“ALL IN FREIGHT（总运费）”，应该报多少？

三、操作题

1. 上海某公司对新加坡某客户出口某商品共 10 t，报价为每吨净重 FOB 上海 2 000 港元，后外商要求改为 CFR 新加坡，经查该商品用木箱装，每箱装货 20 kg，箱重 5 kg，以质量计收运费，从上海至新加坡每吨运费为 500 港元，并收港口附加费 20%。请计算运费和重新报价。

(1) 每箱的毛重为(　　)。

A. 500 t　　B. 10 t　　C. 0.020 t　　D. 0.025 t

(2) 该批货物需要装的箱数为(　　)。

A. 400 箱　　B. 450 箱　　C. 500 箱　　D. 550 箱

(3) 该批货物的毛重为(　　)。

A. 10 t　　B. 12.5 t　　C. 13 t　　D. 11 t

(4) 该批货物需要支付的运费为(　　)。

A. 7 500 港元　　B. 5 500 港元　　C. 7 500 元人民币　　D. 5 000 美元

(5) 该批货物的 CFR 报价为(　　)。

A. 1 750 港元　　B. 1 750 美元　　C. 2 750 港元　　D. 2 750 美元

任务三　集装箱陆路和空运运费计算

任务导入

集装箱海运运费是集装箱运输过程中最主要的费用，但要实现“门—门”运输，必须与集装箱公路运输和集装箱铁路运输相结合，此外有时为快速高效地将货物运达目的地，必须采用集装箱航空运输。在这些运输模式下，集装箱运费如何进行核算，也是集装箱从业人员必须掌握的基本技能。下面我们和 Linda 一起学习陆路运费和航空运费计算相关知识。

任务目标

1. 集装箱公路运输和铁路运输运费的计算。
2. 集装箱空运运费的计算。

知识链接

一、集装箱公路运费计算

在集装箱多式联运的内陆运输中，公路运输是最常见、最重要的一种运输方式。集装箱公路运杂费是集装箱公路运输下，向承运人及有关货运站所支付的费用，包括车辆运行的运费，货物在起运、到达、中转时装卸、仓储、报关、搬运等作业费、业务费等。

（一）计算公式

集装箱公路运费包括基本包干费、代征代收费、其他附加费。

（1）基本包干费：对于重箱，重箱基本运费＝重箱运价×计费箱数×计费里程＋箱次数×计费箱数；对于空箱，空箱基本运费＝空箱运价×计费箱数×计费里程＋箱次数×计费箱数。

（2）代征代收费：包括各级政府按规定征收的车辆通行费等各类费用。

（3）其他附加费：主要包括车辆延滞费、查验拖车服务费、车辆装箱落空损失费、装卸机械计时包用费、装卸机械走行费、装卸机械延滞费、人工费等。

（二）集装箱公路运价

交通运输部规定集装箱汽车运价的计算以重箱为计价基础，并分别指定单程重（空）箱运价，双程重箱运价，一程重（空）箱、一程空（重）箱运价，以及双程空箱运价。

（1）单程重（空）箱运价，按各省、市、自治区制定的集装箱汽车运输基本运价计算。

（2）双程重箱运价的计算方法是：同一托运人同一去程和回程重箱，回程对流运输的重箱运价，按基本运价减成20%；提供不属于同托运人的回程重箱，对各托运人均按对流运输部分的基本运价减成10%。

（3）一程重（空）箱、一程空（重）箱运价的计算按以下方法进行：同一托运人托运的重箱去同时空箱回，或空箱去同时重箱回，按一程重箱计费，遇有空箱运输里程超过重箱运输里程的非对流运输部分按重箱运价计算。

（4）对于同一托运人托运的双程空箱，其中较长一程的空箱按单程重箱计费，另一程捎运的空箱则免收运费。

（三）集装箱公路运费项目

（1）基本运价。集装箱公路基本运价是指各类标准集装箱重箱在等级公路上运输的每箱千米运价。标准集装箱空箱运价在标准集装箱重箱运价的基础上减成计算，集装箱重箱运价在标准集装箱基本运价的基础上加成计算，特种箱运价在标准箱型基本运价的基础上按所装载货物的不同加成幅度加成计算。

（2）箱次费。箱次费按不同箱型分别确定。

（3）其他收费。承运人视具体情况而收的相应费用，主要包括调车费、装箱落空损失费、道路阻塞停车费、车辆处置费、车辆通行费、运输变更手续费等。

二、集装箱铁路运费计算

（一）铁路货物运价种类

铁路货物运输计费分为整车货、零担货、集装箱货。

（1）整车货物运价（每吨）＝基价1＋基价2×运价公里。

（2）零担货物运价（每10 kg）＝基价1＋基价2×运价公里。

（3）集装箱货物运价（每箱）＝基价1＋基价2×运价公里。

（二）运费计算的原则

（1）发货国家和到达国家铁路的运费，均按铁路所在国家的国内规章办理。

（2）过境国铁路运费，均按《国际铁路货物联运统一过境运价规程》（以下简称《统一货价》）规定计算，由发货人或收货人支付。其计算程序是：根据运单上载明的运输路线，在过境里程表中查出各通过国的过境里程；根据货物品名，在货物品名分等表中查出其可适用的运价等级和计费质量标准化；在慢运货物运费计算表中，根据货物运价等级和总的过境里程查出适用的运费率；根据基本运费额＝货物运费率×计费质量得出结果。若在参加国际货协的国家与未参加国际货协的国家之间运送货物，则有关未参加国际货协的国家的铁路运费，可按其所参加的另一种联运协定计算。

(3) 我国出口的联运货物，交货共同条件一般均规定在卖方车辆上交货，因此我方仅负责至出口国境站一段的铁路运费。但联运进口货物，则要负担过境运送费和我国铁路段的费用。

三、集装箱空运运费计算

货物的航空运价是指将一票货物自始发地机场运输到目的地机场所应收取的航空运输费用。

(一) 航空运费

航空运费是指将一票货物自始发地机场运输到目的地机场所应收取的航空运输费用。其具体计算方式为：航空运费＝计费质量×适用的运价。

1. 计费质量

(1) 实际毛重。实际毛重指包括货物包装在内的货物质量。对于高密度货物(每千克体积不足 6 000 cm^3或 366 立方英寸，又称重货)，应考虑实际毛重可能是计费质量。

(2) 体积质量。将货物的体积按一定的比例折合成的质量称为体积质量。对于低密度的货物(每千克体积超过 6 000 cm^3或 366 立方英寸，或每磅超过 166 立方英寸的货物，又称轻泡货)，应考虑体积质量为计费质量。计算货物体积时，均以最宽、最长、最高的三边的厘米长度计算。其计算公式为：体积质量＝货物体积(cm^3)/6 000。此外，国际货物的计费质量以 0.5 kg 为最小单位，质量尾数不足 0.5 kg 的，按 0.5 kg 计算，0.5 kg 以上不足 1 kg 的，按 1 kg 计算。

(3) 等级质量。如果托运人托运货物的质量接近于较高质量分界点，用较高质量分界点的较低运价计算出来的运费低于按适用的运价计算出来的运费，则按较低运价收费。

2. 运价种类

(1) 基础运价(代号 N)。民航总局统一规定各航段货物基础运价，基础运价为 45 kg 以下普通货物运价。

(2) 质量分界点运价(代号 Q)。航空货物运输建立 45 kg 以上、100 kg 以上、300 kg 以上、500 kg 以上等质量分界点及运价。

(3) 等级货物运价(代号 S)。急件、生物制品、珍贵植物和植物制品、活体动物、骨灰、灵柩、鲜活易腐物品、贵重物品、枪械、弹药、押运货物等特种货物实行等级货物运价，按照基础运价的 150%计收。

(4) 指定商品运价(代号 C)。对于一些批量大、季节性强、单位价值低的货物，航空公司可申请建立指定商品运价。

(5) 最低运费(代号 M)。每票国内航空货物最低运费为人民币 80 元。

(二) 声明价值附加费

《关于统一国际航空运输某些规则的公约》中对承运人自身的疏忽或故意造成的货物的

灭失、损坏或延迟规定最高赔偿责任限额，这一金额一般被理解为每千克 20 美元或每磅 9.07 英镑或其他等值货币。如果货物价值超过上述数值，即增加承运人的责任，承运人要收取声明价值费，否则即使出现更多的损失，承运人对超出的部分也不承担赔偿责任。其计算公式为：声明价值费＝(货物价值－货物毛重×20 美元/kg)×声明价值费费率。

(三) 新型航空运价计算法

新型航空运价计算法是指为适应航空集装箱运输的快速发展而使用的一种运价计算方法，不区分货物的种类、等级，只要将货物装在集装箱或成组器中运输，就可以将装在飞机货舱里的集装箱或成组器作为计价单位来计算运费，即成组货物运价适用于集装板或集装箱货物。对于集装货物运价，目前主要采取以下 3 种形式。

(1) 大宗货集装器运价。此种运价以一个集装器为单位，对装有货物的集装器规定最低收费质量和最低收费金额。当装有货物的集装器质量超过规定的最低收费质量时，超出部分(扣除集装器的自重)应按规定的费率支付附加超重费。

(2) 集装器运价。此种运价是按集装器的质量与规定的费率予以收费，通常根据使用航空公司的集装器还是使用货方自备集装器而分别定价。目前，我国始发站不办理由托运人或代理人自备集装器的货运业务。

(3) 包箱运价。这种运价是不管装运货物的种类，而是根据装运在集装器中的货物体积制定统一的费率，从而简化手续，也有利于市场竞争。

技能训练

在学习陆路运输和空运运费的计算公式和相关知识后，下面我们一起来进行集装箱陆路运费和航空运费计算实例训练。

1. 公路区段集装箱运杂费计算

【例题】 某货主托运一批瓷砖，质量 4 538 kg，承运人公布的一级普货费率为 1.2 元/(t·km)，吨次费为 16 元/t，该批货物运输距离为 36 km，瓷砖为普货三级，计价加成 30%，途中通行收费 35 元，计算货主应支付运费多少？

解：瓷砖质量 4 538 kg，超过 3 t 按整车办理，计费质量为 4.5 t；瓷砖为三级普货，计价加成 30%；运价＝1.2 元/(t·km)×(1＋30%)＝1.56 元/(t·km)；运费＝16 元/t×4.5 t＋1.56 元/(t·km)×4.5 t×36 km＋35 元＝359.72 元。

2. 铁路区段集装箱运费计算

【例题】 甲国有 5 个车辆的整车货物随旅客列车挂运经我国运往乙国，已知车辆标重为 16 t，按过境里程和运价等级该货物在《统一货价》中的基本运价率为 8 美元/t，而根据运价里程和运价号，查得该货物在我国《铁路客运运价规则》中的运价率折合美元为 7 美元/t，若两个运价的计费质量均为货车标重，我国应向甲国发货人收取多少运费(根据《统一货价》的规定，随旅客列车挂运的整车货物的加成率为 200%)。

解：国内运费为 7 t×16 美元/t×5＝560 美元；过境段的基本运费额为 8 t×16 美元/t×

5＝640 美元；过境运费为 640 美元×(1＋200%)＝1 920 美元；运费总计为 560 美元＋1 920 美元＝2 480 美元。

3. 空运区段集装箱运费计算

【例题】 利用空运，由北京运往纽约一箱服装，毛重 36.5 kg，体积尺寸为 82 cm×48 cm×32 cm，计算该票货物的航空运费(以 6 000 cm^3 折合 1 kg，计算结果保留两位小数)。公布运价如下：

BEIJING Y.RENMINGBI	CN CNY		BJS KGS
NEW YORK(NYC)	U.S.A	M	630.00
		N	64.46
		45	48.34
		100	45.19
		300	41.80

解：体积为 82 cm×48 cm×32 cm＝125 952 cm^3；体积质量为 125 952 cm^3 ÷6 000 cm^3/kg＝20.99 kg≈21.0 kg，总质量为 36.5 kg；若适用运价 N(64.46 元/kg)，则总费用为 36.5 kg×64.46 元/kg＝2 352.79 元，而若适用运价 Q(48.34 元/kg)，计费质量为 45.0 kg，则总费用为 45.0 kg×48.34 元/kg＝2 175.30 元。因此，二者比较取其低，故该件货物可按 45 kg 运价计算得航空运费 2 175.30 元。

复习提高

一、计算题

1. 某商人托运两箱毛绒玩具，每箱规格为 1.0 m×0.8 m×0.8 m、毛重 185.3 kg，该货物运费率为 0.002 5 元/(kg · km)，运输距离 120 km，货主要支付多少运费？
2. 法国某航空公司承运一批货物由巴黎到莫斯科，体积为 0.24 m^3，毛重 30 kg，使用一般货物运价。已知法国民航规定以 0.006 m^3 折合 1 kg，45 kg 以下运价为 14.72 元/kg，45 kg 以上 100 kg 以下运价为 10.92 元/kg。请计算这批货物的运费。
3. 一票玩具，毛重 27.9 kg，体积尺寸 80 cm×51 cm×32 cm，由中国北京空运至荷兰阿姆斯特丹。计算该票货物的航空运费并填制航空货运单的运费计算栏。公布运价如下：

BEIJING Y. RENMINBI		CN CNY		BJS KGS
AMSTERDAM		NL	M	320.00
			N	50.22
			45	41.53
			300	37.52

模块七
集装箱箱务管理

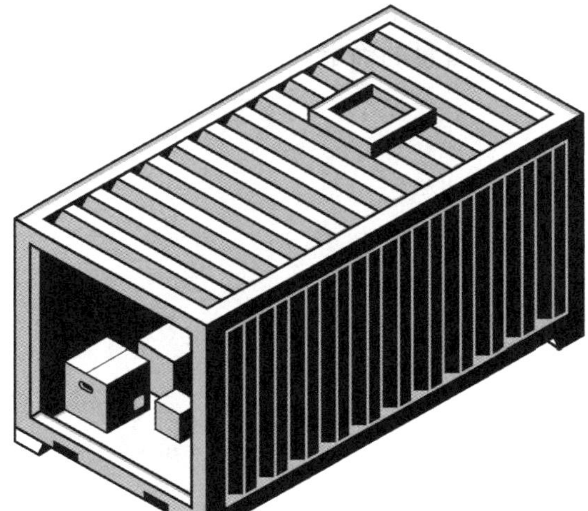

学习导入

集装箱箱务管理是指对集装箱的备用、租赁、调运、交接、发放、检验及修理等业务的计划、组织、协调等工作。其主要内容包括：建立分工明确、高效率的组织管理机构；建立完善的业务规章和规范化管理制度；明确箱务管理流程、信息传递程序和工作内容；采用科学的管理方法；培养高素质的管理员工；等等。做好集装箱箱务管理，对降低集装箱运输成本，减少置箱投资，加快集装箱周转，提高集装箱货物的装载质量和运输质量，提高企业经济效益和市场竞争力均有重要意义。本模块我们将从集装箱的交接、租赁、调运和配备等 4 个方面进行学习。

学习目标

1. 知识目标

（1）了解并熟悉集装箱的交接、租赁、调运管理。

（2）了解并熟悉集装箱配备量的影响因素。

2. 技能目标

（1）掌握整拼箱交接的方式。

（2）掌握集装箱租赁的方式和租赁合同操作实务。

（3）掌握集装箱空箱调运的改进策略。

（4）掌握两端点港集装箱配备量的确定方法。

任务一　集装箱交接管理

任务导入

传统的件杂货运输中是以货物的运输包装为运输单元的。在集装箱运输中，标准化的集装箱成为基本运输单元，全程运输统一组织，实现“门—门”运输。集装箱运输需要根据集装箱货物的交接形态、交接地点而采用不同的交接方式。集装箱货物的交接方式具有鲜明的特点。下面我们和 Linda 一起学习集装箱交接管理相关知识。

任务目标

1. 集装箱货物的交接形态和地点。
2. 集装箱货物的交接方式。

知识链接

一、集装箱货物的交接形态

(一) 整箱货或整柜货(FCL)

对于 FCL，由托运人装货、计数和铅封，集装箱运至目的地后由收货人拆箱。承运人对集装箱货物的责任：在集装箱外表情况良好、封条完整的条件下，从托运人处接收集装箱，至目的地后，只要集装箱外表良好、封条完整即可交集装箱给收货人。至于箱内货物的数量是否与单证上相符，货物质量情况，承运人概不知晓。

为此，承运人通常在提单上订明“不知条款”(即 STC 条款，STC 的全称为 Said to Contain，可译为“据称内装，据称装有”)或 SLAC(全称为 Shipper's Load And Count，可译为“由发货人装箱并计数”)、SLCAS(全称为 Shipper's Load ,Count And Seal，可译为“由发货人装箱、计数并加封”)等条款。

(二) 拼柜、拼箱货、散货(LCL)

拼箱货指将不足一整箱的零散货物拼装于同一个 20 英尺或 40 英尺集装箱中(几个托运人的货物装于一个集装箱中)。LCL 由集拼箱经营人负责装箱、计数并加封,至目的地后,由集拼箱经营人代理人负责拆箱并将货交给几个或一个收货人。集拼箱经营人从托运人处接货时,于每件货物外表情况良好的条件下接收,至目的地需每件货物外表情况良好,才可交货。

二、集装箱货物的交接地点

在集装箱运输中,集装箱货物的交接地点一般有 3 类,即发、收货人的工厂或仓库(Door)、集装箱码头堆场(CY)和集装箱货运站(CFS)。

(一) 发货人或收货人的工厂或仓库交接(Door 交接)

发货人或收货人的工厂或仓库(门)交接是指集装箱运输经营人在发货人的工厂或仓库接收货物或在收货人的工厂或仓库交付货物。Door 交接的集装箱货物都是整箱货,一般发货人或收货人自行装(拆)箱。运输经营人负责自接收货物地点到交付货物地点的全程运输。

(二) 集装箱码头堆场交接(CY 交接)

集装箱运输中的 CY 交接,一般发货人应自行负责装箱及集装箱到发货港码头堆场的运输,承运人(集装箱运输经营人)或其代表在码头堆场接收货物,责任开始。货物运达卸货港后,承运人在码头堆场上向收货人交付货物,责任终止。由收货人负责集装箱货物到最终目的地的运输和掏箱。

在集装箱码头堆场交接的货物都是整箱交接。在部分情况下,CY 交接的含义要更广泛一些,除在码头堆场交接外,还包括在集装箱内陆货运站堆场的交接(即内陆 CY 交接)。在内陆 CY 交接的情况下,与货主交接货物的集装箱运输经营人一般是联运经营人,其还要负责从接收货物的堆场到码头堆场间的运输。集装箱内陆 CY 交接也是整箱交接。

(三) 集装箱货运站交接(CFS 交接)

集装箱货运站(CFS)一般包括集装箱码头货运站、集装箱内陆货运站或中转站。CFS 交接货物一般是拼箱货。因此,在 CFS 交接中发货人负责将货物送到集装箱货运站,集拼箱经营人或其代理人在 CFS 以原来形态接收货物并负责安排装箱,然后组织海上运输或陆海联运,货物运到目的地货运站后,运输经营人或其代理人负责拆箱并以货物原来形态向收货人交付。收货人负责提货后的事宜。

三、集装箱货物的交接方式

根据 4 种集装箱货物货流形态和 3 类集装箱货物交接地点,集装箱货物有 9 种不同的交接方式,分别为门到门(D—D)、门到场(D—CY)、门到站(D—CFS)、场到门(CY—D)、场到场(CY—CY)、场到站(CY—CFS)、站到门(CFS—D)、站到场(CFS—CY)、站到站(CFS—CFS)。在这9种不同的交接方式中，承运人与货方承担的责任、义务不同，承运人的运输组织的内容、范围也不同，其内容及区别见表7-1。

表7-1　9种集装箱货物交接方式的内容及区别

交接方式	装箱人	承运人接收货物地点	承运人交付货物地点	拆箱人	运输形式	贸易形式
D—D	发货人	发货人的工厂或仓库	收货人的工厂或仓库	收货人	多式联运	单一买方和卖方
D—CY	发货人	发货人的工厂或仓库	目的港集装箱堆场	收货人	多式联运	单一买方和卖方
D—CFS	发货人	发货人的工厂或仓库	目的港集装箱货运站	货运站	多式联运	多买方、单一卖方
CY—D	发货人	起运港集装箱堆场	收货人的工厂或仓库	收货人	多式联运	单一买方和卖方
CY—CY	发货人	起运港集装箱堆场	目的港集装箱堆场	收货人	传统海运	单一买方和卖方
CY—CFS	发货人	起运港集装箱堆场	目的港集装箱货运站	货运站	传统海运	多买方、单一卖方
CFS—D	货运站	起运港集装箱货运站	收货人的工厂或仓库	收货人	多式联运	单一买方、多卖方
CFS—CY	货运站	起运港集装箱货运站	目的港集装箱堆场	收货人	传统海运	单一买方和卖方
CFS—CFS	货运站	起运港集装箱货运站	目的港集装箱货运站	货运站	传统海运	多买方、多卖方

整箱货物由发货人或收货人在工厂或仓库拆装箱，因此整箱货物的交接地点为Door或CY，而拼箱货物由承运人委托的货运站装拆箱，因此，拼箱货物的交接地点为CFS。由此可见，集装箱货物的9种交接方式与4种货流组织形式之间存在一定的联系与对应关系，即门到门(D—D)、门到场(D—CY)、场到门(CY—D)、场到场(CY—CY)对应的货流组织形式为FCL—FCL，门到站(D—CFS)、场到站(CY—CFS)对应的货流组织形式为FCL—LCL，站到门(CFS—D)、站到场(CFS—CY)对应的货流组织形式为LCL—FCL，站到站(CFS—CFS)对应的货流组织形式为LCL—LCL，见图7-1。

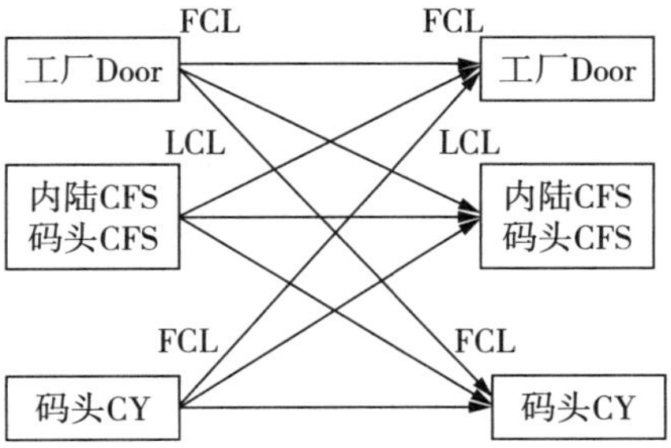

图7-1　集装箱货流组织形态与交接形态的关联

在上述9种交接方式中，最典型的集装箱货物交接方式是门到门(D—D)运输，其为集装箱运输最理想的交接形式。只有实现门到门(D—D)运输，才能充分发挥集装箱运输的优势。

四、集装箱灭失、损害处理

海上国际集装箱运输的各区段承运人、港口、内陆中转站、货运站对其所运输的集装箱和箱内货物的灭失、损坏负责，并按照交接前由交付方承担，交接后由接收方承担划分责任。若在交接后 180 天内，接收方能证明交接后的集装箱或箱内货物灭失、损坏是由交付方造成的，则交付方应按有关规定赔偿损失。

一般情况下，集装箱灭失或损坏责任划分为：①由承运人负责装箱、拆箱的货物，从承运人收到货物后至运达目的地交付收货人之前的期间内，箱内货物的灭失或损坏由承运人负责；②由托运人负责装箱的货物，从装箱托运交付后至交付收货人之前的期间内，如箱体完好，封志完整无损，箱内货物的灭失或损坏由托运人负责，否则由承运人负责；③由于托运人对集装箱货物申报不实或集装箱货物包装不当造成人员伤亡并使运输工具、货物自身或其他货物损坏的由托运人负责；④由于装箱人或拆箱人的过失造成人员伤亡并使集装箱、箱内货物损坏的由装箱人或拆箱人负责。

技能训练

阅读下面的材料，进口提单上注明 CY—CY、SLAC 字样，表示什么意思？该案由于收货人无法举证确定责任方，最终只能自行承担损失，为什么？

上海某公司从国外进口 6 个集装箱的废铜，进口提单上注明 CY—CY、SLAC 字样，该公司从码头堆场将箱子拉到拆箱地点，打开箱门发现箱内装载的是废钢铁。在收到这批货 6 个月后，该公司才迟迟向国外发货人提出索赔，理由：提单加注 SLAC，发货人明知装卸的是废钢铁，而提单货物内容加注的是废铜。

国外发货人事后 2 个月向该公司出具了两份证书：一份是该国海关出具的“海关监装证书”，另一份是公证行出具的“装箱证明书”。这两份证书分别证明货主实际装载出口的货物确系废铜，而且数量与单证记载相符。作为收货人有理由怀疑发货人做手脚，但不能怀疑发货人与海关、公证行一起出具假证明。在发货人出具有效证书并明确表示不承担责任的情况下，该公司向国外保险人提出保险赔偿(因该批货物成交价是 CIF 价，由国外卖方投保)。

但国外保险人拒赔，理由：一是投保人向保险人申报的标的是废铜，并非废钢铁，而箱内实际装载的是废钢铁，标的不一；二是投保人有可能向保险公司做欺诈保险，如是这样，保险公司不但不赔，必要时保留追诉权利。显然，该公司也无法从保险人那里得到赔偿。

于是该公司向承运人提出赔偿要求，但船公司同样拒赔，理由：一是进口提单上记载 CY—CY 条款，收货人在码头堆场提货时，只要对箱子外表状况、关封没有提出任何异议，承运人责任即告终止；二是收货人在将箱子拉出堆场时，设备交接单上没有任何批注，这表明承运人已履行完整交货责任。该案由于收货人无法举证确定责任方，最终只能自行承担损失。

复习提高

一、案例分析

1. 杭州一家公司出口一批工艺品去意大利，提单上注明 CY—CY、SLCAS 等字样；由承运人加注“SAY ONE CONTAINER”，收货人打开箱门拆箱时，发现箱内装载的并非工艺品，而是石头和砖头，请问如何进行追偿？

二、简答题

1. 集装箱的交接方式有哪几种？

2. 如何进行集装箱的损坏和灭失处理？

任务二 集装箱租赁管理

任务导入

集装箱租赁是指集装箱租赁公司与承租人(一般为海运班轮公司,铁路、公路运输公司等)签订协议,用长期或短期的方式将集装箱租赁给承租人的一种租赁方式。在协议执行期间,箱体由承租人管理使用,承租人负责对箱体进行维修保养,以及避免灭失。协议期满后,承租人将箱子还至租箱公司指定堆场。堆场对损坏的箱体按协议中规定的技术标准进行修复,修理费用由承租人承担。承租人按照协议向租箱公司承付提还箱费及租金。

集装箱租赁业务由集装箱租赁公司经营,该租赁公司专门经营集装箱出租业务,其为集装箱所有人和出租方,集装箱的使用人(一般是船公司或货主)为承租方,双方签订租赁合同。由出租人提供合格的集装箱交由承租人在约定范围内使用。集装箱租赁有多种方式,国际上通用方式有程租、期租、活期租用和航区内租赁等。下面我们和 Linda 一起学习集装箱租赁相关知识。

任务目标

1. 集装箱租赁的作用和优点。
2. 集装箱租赁方式和租箱量的确定。
3. 集装箱租箱合同主要内容。

知识链接

一、集装箱租赁的发展与作用

在国际贸易运输中开始使用集装箱时,装载货物的集装箱一般由各种类型的承运人所拥有并提供使用。随着集装箱运输向海上发展,集装箱租赁业也开始发展起来。初期集装箱租赁业的规模较小,大多是船公司或其他行业的兼顾性业务,截至 1968 年,世界上供出租使用的集装箱数量仅占 10%左右。

从 1968 年开始,集装箱运输的迅猛发展,对集装箱的需求量迅速增长,许多船公司为提高运输效率和保证市场占有率需在船舶或其他固定设施方面投入大量资金，因而在集装箱上继续投资以增加箱子拥有量较为困难；同时，随着集装箱运输经营组织上的变化，许多无船承运人开展集装箱运输业务，但无力购置与其业务量相适应的集装箱。在这种情况下，许多较有财力的各种类型的企业（包括大型船公司）开始大量购入集装箱并投入租赁业，至此集装箱租赁业进入迅速发展的阶段。

到目前为止，供出租使用的集装箱量已占世界集装箱总量的50%以上，而且还有继续增长的趋势。世界上具有相当规模的集装箱租赁公司有100多家。这些公司，特别是一些资金雄厚、综合技术较完善的公司，都在世界范围内开展租赁业务，在国际集装箱运输中发挥着重要作用。

集装箱租赁业在集装箱运输中的作用可归纳为以下几个方面：①船公司或其他集装箱运输经营人因业务发展需要增加集装箱数量，可以采用以租代购的方式补充，以减少临时巨额投资或借款，或将资金用于其他需要的方面和项目；②需要对长期使用的集装箱进行更新时，同购买新的集装箱一样，可通过租赁集装箱暂时弥补箱量不足，从而减轻资金的筹备及利息的负担；③在各航线来回程货源不平衡的情况下，可通过单程租赁或其他临时租赁方式解决空箱回运问题；④在某些货物、货源量随季节变化时，可以通过短期或者临时租赁方式租用集装箱来满足这种不平衡的需要，提高箱子的利用率；⑤通过租赁，既能满足不同货主、不同运输要求所需的不同类型（特别是特种箱）的集装箱，以减少自有箱中利用率低的各种类箱，又能保证运输的实际需要。

二、集装箱租赁的主要优点

（一）可避免占用过多的资金

由于集装箱造价相当昂贵，若船公司全部采取自备箱，则需要购置大量集装箱，需要巨额投资，形成大量的固定资金，如果贷款购箱，还要支付为数可观的利息，这对船公司是一个相当沉重的负担。如果采用租赁集装箱的办法，租用部分集装箱，只需支付少量租金即可获得集装箱使用权。采用合理的租箱方式，当船公司不需要这些集装箱时，则退还租箱公司，这样可避免占用大量的固定资金，也无须支付巨额贷款的利息。

（二）节省空箱调运费用，可满足用箱要求

对于航线往返货运量不平衡、季节性货源的变化等产生的用箱方向上及时间上不平衡的情况，可通过租箱的办法来解决。例如，采用单程租赁、短期租赁及灵活租赁的办法，既可满足用箱的不平衡要求，又可节省置箱费及空箱调运费。

（三）避免集装箱陈旧、过时

尽管集装箱是按照国际标准化组织的规定制造的，但仍有过时的风险。随着集装箱运输的发展，某些曾被采用的集装箱因其尺寸、规格不适于使用而被淘汰，而某些曾是非标准的集装箱，由于适应航运状况变化的要求，其数量大增，被国际标准化组织推荐和采用。通过租赁集装箱，就不会承担集装箱陈旧、过时的风险，当旧规格的集装箱即将被淘汰时，只需

归还过时集装箱，重新租用新规格集装箱，即可继续使用。

三、集装箱租赁方式

集装箱租赁方式，大致可分成长期租赁、即期租赁和灵活租赁等 3 种方式。

（一）长期租赁

长期租赁合同年限较长，通常是 3～10 年。根据租期届满后对集装箱处理的方式，长期租赁可分为金融租赁和实际使用期租赁 2 种，其中：金融租赁是指租箱人在租箱合同期满后作价买下所租用的箱子，从而取得集装箱的所有权的一种租赁方式；而实际使用期租赁则是当租赁合同期满后，租箱人将箱子退还给出租公司的一种租赁方式。

长期租赁的特点是：租箱人只需按时支付租金，即可如同自备箱一样使用；租金较低，租期愈长，租金愈低。因此，对于货源稳定的班轮航线，采用此种方式租用一定数量的集装箱，既可保证航线集装箱需备量的需要，又可降低置箱费、利息及折旧费的负担。目前采用长期租赁方式较多，但是这种方式在租期未满前，租箱人不得提前退租，只可在合同中附有提前归还集装箱的选择条款。对租箱公司而言，采用这种方式可在较长的租期内获得稳定的租金收入，减少租箱市场的风险，也可减少提、还箱等管理工作。

（二）即期租赁

即期租赁是指租箱人根据自己的需要及市场情况与租箱公司签订租赁合同的一种租赁方式。其特点是与租箱公司没有任何事先约定，而是经磋商后达成临时短期租箱协议，因此租金费率由当时的租箱市场竞争及供需情况而定。即期租赁除临时的短期租赁外，还有单程租赁和来回程租赁 2 种。短期租赁、单程租赁和来回程租赁的共同特点是能满足租箱人临时性的用箱要求，可解决货源临时变化、箱源不足的困难，但租金比长期租赁方式高。

（1）单程租赁：其特点是从发货地租箱到目的地还箱，采取从起运港至目的港的单程租用，一般适用于货源往返不平衡的航线，可满足租箱人单程用箱的需要。如果从缺箱地区单程租赁到集装箱积压地区，租箱人需要支付较高的租金，因为此时租箱公司需要从集装箱积压地区往短缺地区调运空箱，要支付空箱调运费，所以租金较高，有时还需支付提箱及还箱费。如果从积压地区租赁到短缺地区，情况有所不同，因为租箱公司集装箱积压，产生很多费用，所以租箱人可享受租箱优惠，可较少支付甚至免除提箱和还箱费，有时还可能在一定时间内免费租借。

（2）来回程租赁：通常指提、还箱同在一个地区的租赁方式，一般适用于往返货源较平衡的航线，原则上在租箱点或同一地区还箱。租期可以是一个往返航次，也可以是连续几个往返航次的租赁。租箱人有较大的使用权。由于不存在空箱回运的问题，因而租金较单程租赁低。

（三）灵活租赁

这是一种在租箱合同有效期内，租箱人可在租箱公司指定的地方灵活地进行提、还箱的租赁方式。其兼有长期租赁和即期租赁的特点，一般租期为一年。在大量租箱情况下，租箱人可享受租金回扣的优惠，租金甚至接近于长期租赁。在集装箱货源较多、班轮公司经营航线较多、往返航次货源不平衡的情况下，采用这种租赁方式是较佳的。

在灵活租赁的情况下，由于提、还箱灵活，给租箱公司带来一定的风险，所以在合同中规定有一些附加约束条件。例如：规定最少租期，规定基本的日租金费率，一般租期不得少于30天，租箱人按租期支付租金；规定起租额，规定租箱人在合同租期内应保持一定租箱量，当实际租箱量少于起租额时按超期租额支付租金；规定全球范围内月最大还箱限额；规定最小月提箱量；规定各还箱地的月最大还箱量；等等。

尽管集装箱租赁方式很多，但最重要的是租箱人应根据航线货源情况、航运市场及租箱市场情况、租箱人的资金状况，经过论证、分析后，确定采用何种租赁方式及租箱量。

四、集装箱租赁合同操作实务

集装箱租赁合同是规定租箱人与租箱公司双方权利、义务和费用的协议和合同文本。租箱人在签署合同之前一般要与租箱公司（或其代理人）商定租箱方式，数量，租金，交、还箱期，地点，租、退箱费用，损害修理责任及保险等事宜。租箱合同的主要条款一般包含以下4个方面内容。

（一）交箱条款

交箱条款主要是制约租箱公司的条款，是指租箱公司应在合同规定的时间和地点将符合合同条件的集装箱交给租箱人。

（1）交箱期。交箱期是指租箱公司将箱子交给租箱人的时间。为给双方都提供方便，交箱期通常规定一个期限，一般为7～30天。

（2）交箱量。为适应市场上箱、货供求关系的变化，合同中对交箱量有2种规定方法，即交箱数量（或最低交箱量）和实际交箱量（可高于或低于前者）。

（3）交箱时箱子状况。租箱公司交给租箱人的箱子应符合有关国际公约与标准的规定，同时租箱人还箱时应保证箱子保持和接近原来的状况。因此，双方在提箱时箱子的状况是通过双方签署的设备交接单来体现的。在具体操作中，规定租箱人雇用的司机和箱子所在堆场的箱管员、门卫可作为双方代表签署设备交接单。

（二）还箱条款

租箱合同中的还箱条款主要是制约租箱人的条款，是指租箱人应在租用期满后，按合同规定的时间、地点将状况良好的箱子还给租箱公司。

（1）还箱时间。还箱时间指规定的还箱日期。若超期还箱，则合同一般通过对超期天数加收租金方式解决。若可能提前还箱，则要求事先订立提前终止条款，于是：当订有该条款时，租箱人可提前还箱；当未订立该条款时，即使是提前还箱，租箱人仍需补交提前日数的追加租金。

（2）还箱地点。租箱人应按合同规定或租箱公司另用书面形式确认的具体地点还箱。在订立合同时，租箱人应尽量使还箱地点与箱子最终使用地点一致或接近，这样可以减少空箱运输费用。

(3) 还箱时箱子状况。租箱人在还箱时应保证箱子外表状态良好,即保证箱子保持提箱时双方签订的设备交接单上说明的状况。该条款一般规定如果还箱时外表有损坏,租箱人应承担修理责任与费用。

此外,租箱合同中一般还规定还箱期满若干天(有的是 30 天)后,租箱人仍未还箱,租箱公司将作为箱子全损处理。租箱人应按合同规定的金额支付赔偿金,在租箱公司未收到赔偿金前,租箱人仍需按实际天数支付租金。

(三) 损害修理责任条款

租箱人应按设备交接单上记载的状况还箱,如有损坏,则应负责将箱子修理好后还箱,或承担维修费用。若租箱时在合同中订立损害修理(damage protection plan,DPP)条款并按规定付费,则租箱人对租箱期内所造成的损坏在一定程度上不负修理责任,可将未修理的箱子退还租箱公司。不论箱子在租箱期内是否损坏,DPP 费用一律不予退还。

DPP 条款从某种意义上讲,相当于租箱人对租箱期内集装箱的损害进行保险(但不是向保险公司投保)。但租箱人必须了解,DPP 费用一般只保箱子的部分损害,不承担全损和共同海损等责任。习惯上只负责比箱子当时价值低一些的一个固定限额(如 85%),由租箱公司承担;如超过此限额,则超过部分仍需要由租箱人承担。DPP 费用一般按租箱天数收取。

(四) 租金及费用支付条款

租箱人应按时支付合同中规定承担的各种费用及租金,这是自由使用集装箱和具有某些权利以及减少责任的前提,不按时支付费用和租金,则构成违约,租箱公司有权采取适当的行动直至收回集装箱。

(1) 租期。租期一般理解为从交箱之日起至还箱之日止的一段时间。

(2) 租金计算方法。租金按每箱天计收。租用天数计算一般从交箱当日起算至租箱公司接受还箱的次日为止。在超期还箱的情况下,超期天数按合同规定的租金另行支付(通常比正常租金高一倍)。如合同中订有提前终止的条款,租箱人支付提前终止费用(一般相当于 5~7 天租金)后,租期到集装箱进入还箱堆场日终止。

(3) 租金支付方式。一般租金支付方式有 2 种:按月支付或按季支付。租箱人应在收到租金支付通知单后,在规定时间内(一般为 30 天)支付。如延期则需按合同规定的费率加付利息。

(4) 交、还箱手续费。租箱人应按合同规定支付交、还箱手续费。该费用主要用来抵偿因在堆场交、还箱所产生的费用(装卸车费、单证费等),其数额或由合同规定,或根据所在堆场规定的交、还箱费用确定。租箱合同中除上述条款外,一般还有设备标志更改条款及其他有关租箱责任、义务、保险和转租等条款。

技能训练

阅读下面的材料，分析讨论集装箱自备箱量与长短期租箱量如何确定？掌握最小自备量原则下，自备箱量和长短期租箱量的确定方法。

集装箱公司在配置航线所需集装箱时，不可能全部购置自备箱，因这需巨额投资。同时，若自备箱量过多，当市场欠佳时，需要支付大量闲置箱的费用；若自备箱数量过少，难以满足市场需求，否则大量租箱，耗资过大，亦不是良策。因此，合理确定航线自备箱量与租箱量，采用科学的计算方法，实现最优配置，对船公司提高企业经济效益和市场竞争能力，具有极其重要的意义。下面介绍一种简便实用的计算方法：根据最小自备量原则来确定船公司的年度总租箱量，然后再进一步分别确定长期和短期的租箱量。假设某年每月用箱量为 $M_i(i=1,2,\cdots,12)$ 则最小自备量原则计算租箱量步骤如下：

(1) 年度用箱总量 S_T 为

$$S_T=\sum M_i=M_1+M_2+\cdots+M_i$$

式中：M_i 为资料预测年的月用箱量数据，TEU。

(2) 年度最低自备箱量 S_S 为

$$S_S=12\cdot \min M_i$$

式中：$\min M_i$ 为最低月用箱量数据，TEU。

(3) 年度租箱量 S_C 为

$$S_C=S_T-S_SS$$

(4) 年度长期租箱量 S_{LC} 为

$$S_{LC}=\frac{1}{2}[S_C+12\cdot m-S_S-\sum|m-M_i|]=S_C-\frac{1}{2}\sum|m-M_i|$$

式中：m 为平均每月应备箱量，TEU，$m=S_T/12$。

(5) 年度短期租箱量 S_{SC} 为

$$S_{SC}=S_C-S_{LC}$$

复习提高

一、选择题

1. 在集装箱租赁中，集装箱的所有人是(　　)。

A. 租赁公司　　B. 承租公司　　C. 租赁中介　　D. 使用方

2. 从发货地租箱到目的地还箱，采取从起运港至目的港的单程租用，这是(　　)方式。

A. 单程租赁　　B. 来回程租赁　　C. 即期租赁　　D. 灵活租赁

二、简答题

1. 集装箱租赁发展的根本原因是什么？
2. 集装箱租赁业发展的趋势是什么？

三、计算题

1. 某集装箱运输船公司预计下一年度每月用箱量如下表：试确定公司年租箱总量、年长期租箱量和年短期租箱量？

月份	1	2	3	4	5	6	7	8	9	10	11	12
月用箱量/万 TEU	5.1	3.1	3.8	3.6	5.4	2.8	5.7	4.4	5.6	3.8	5.8	4.9

任务三　集装箱空箱调运管理

任务导入

空箱调运即集装箱放空运输。集装箱管理过程中应尽可能不发生空箱调运，班轮公司对集装箱的空箱调运量越少，其集装箱的使用效率越高，相应经济效益越好。但由于集装箱运输本身的复杂性，空箱调运在所难免，下面我们和 Linda 一起学习集装箱空箱调运管理相关知识。

任务目标

1. 集装箱空箱调运的原因和减少措施。
2. 集装箱运输的特点与优越性。

知识链接

一、集装箱空箱调运范围

(1) 国际航线间的调运。由于各航线货源(数量和种类)不平衡、货运在时间上的不平衡(旺、淡季)、公司航线调整、特殊用箱需求等原因产生的调运。这种调运属于国际进出口运输，以海运为主。

(2) 国内航线与地区间的调运。由于干支结合运输、揽货等要求或需要产生的调运，可以通过海、水、陆等通道调运。

(3) 港到堆场、货运站、中转站间的调运。由于货运需求，便利货主提箱和用箱，箱子或货物能及时装船出运的需要产生的调运，一般属于船公司或其代理的行为；由于港站之间场站管理的要求产生的调运，一般属于港站行为。

(4) 堆场、货运站之间的调运。由于场、站货运安排需要产生的调运，属于港口与货运站的行为。

(5) 临时租用箱的调运。因货运需求，船公司在港箱源不足，或无相关箱源，属于船公司或其代理的行为。

（6）还箱的调运。箱子租赁合同到期或根据租赁合同，箱子按还箱要求从一地调运到合同约定的还箱地点，一般属于租箱人的行为。

（7）其他调运。例如：中转调运，即港内码头之间的调运，或码头内部不同泊位之间的调运；需要修理保养、清洗、改装、熏蒸、检验、海关监管要求等，应将箱子搬运至指定地点。这些一般属于箱主公司行为。

二、空箱调运要求与策略

（1）计划性。一般通过统计分析、预测，每月底之前制订下一月份的箱子安排与调运计划，包括调箱线路、船名、航次、装港、卸港、箱类、箱型、数量等。

（2）及时性。了解市场信息，掌握货运动态，及时联系调度、代理并采取积极、有效的措施，逐线、逐船、逐班、逐周落实箱子的调运计划，及时解决箱子调运过程中存在和发生的各类问题。

（3）合理性。通过全面质量管理，确保箱子调运的合理性（时间、地点、数量、费用等）。

（4）抓住主要航线和主要交叉港口，寻找调箱最佳路线，形成调箱网络。一般应做到：①地区内部线平衡（如北美地区、欧洲地区、中国沿海地区等）；②单一航线上保持平衡（如远东—美西、大连—日本、上海—东南亚、远东—地中海、远东—欧洲、美东—欧洲）；③选择和利用主要交叉港、集散港开展，集装箱在该地区、航线等的全局平衡，综合协调工作（如欧洲的汉堡港、鹿特丹港，日本的横滨港，中国的上海港、香港港，新加坡港等，这些港口进出口量大，可根据进出口箱源情况为各航线和地区进行调箱和调箱安排）。

（5）避免不必要的调箱和二次调箱。

（6）与代理密切合作，及时、正确地提供市场、货源、用箱等一手信息，规定代理每周报盘存报，重点港口代理每日报盘存报，特殊情况随时报。

三、减少空箱调运的措施

（1）组建联营体，实现班轮公司之间集装箱共享。联营体通过互相调节使用空箱，可减少空箱调运量和航线集装箱需备量，节省昂贵的空箱调运费和租箱费。

（2）强化集装箱集疏运系统，缩短集装箱周转时间。通过做好集装箱内陆运输各环节工作，保证集装箱运输各环节紧密配合，缩短集装箱周转时间和在港时间，以提供足够箱源，避免因缺少空箱而进行空箱调运。

（3）强化集装箱跟踪管理系统，实现箱务管理现代化。通过优化计算机集装箱跟踪管理系统，采用 EDI 技术，以最快、最准确的方式掌握集装箱信息，科学而合理地进行空箱调运，最大限度地减少空箱调运量及调运距离。

（4）进行科学论证与选择，以租箱代替空箱调运。当某港集装箱空箱紧缺时，可以采用 2 种方案予以解决：从其他港调运本公司的空箱；租用租箱公司的空箱。这时就应比较二者的成本，采用成本较低的方案。尤其应注意寻找合适的机会，如果某租箱公司正好箱流不平衡，需将空箱调回，就可采用单程租赁方式租用，享受较低的租箱费用。

技能训练

阅读下面的材料，分析讨论如何减少中国—澳大利亚航线的空箱调运问题？冷箱干用能否有效解决该航线空箱调运问题？

在现有的班轮航线上，绝大多数的冷藏货物的流向是单向的，而干货箱也普遍存在着双向的数量差异。以中国—澳大利亚航线为例：南行（中国至澳大利亚）承运的货物以汽车、日用百货、服装、粮食等为主，轻工业产品居多；而北行（澳大利亚至中国）则以肉类等冷藏货物为主，从而形成南北向的两个不平衡，即相对于澳大利亚，干货箱进口大于出口，而冷藏箱出口大于进口。为解决这两个不平衡，船公司必须依靠调运空箱解决，即南行调运冷藏空箱至澳大利亚，北行调运普通空箱至中国。调运空箱是不得已而为之的，所有的船公司都试图利用有限的舱位装满重箱，取得运费收入，而非“运送空气”。

复习提高

一、选择题

1. 集装箱空箱的调运主要是由于(　　)。

A. 管理不规范　　B. 贸易顺差

C. 进出口不平衡　　D. 承运人调度失控

2. 为局部弥补来回航线货源不平衡，解决集装箱空箱调运的问题，可以选择(　　)。

A. 单程租赁　　B. 即期租赁

C. 集装箱租赁　　D. 船公司互借集装箱

二、简答题

1. 空箱调运的原因有哪些？

2. 如何减少空箱调运？

任务四 集装箱配箱量管理

任务导入

为保证集装箱运输的正常开展，船公司必须配备一定数量的集装箱，配备量和配备方式，直接关系到企业的运输成本和经济效益。企业应根据航线特点、货源情况、集装箱港口堆存期和内陆周转期等因素，确定合理的自备箱量和租箱量。下面我们和 Linda 一起学习集装箱配箱管理相关知识。

任务目标

1. 集装箱配备需要考虑的因素。
2. 两个端点港集装箱配箱量计算。
3. 箱位比的概念和意义。

知识链接

一、集装箱配箱简述

航线集装箱一般采用 3 种方式配备，即全部自备，部分自备、部分租箱，全部租箱，需要综合分析航线货源、集装箱港口堆存期及内陆周转期、船公司资金状况等因素，经系统论证后确定。一般如航线货源稳定，可适当增加自备箱或长期租箱，否则，可适当增加灵活租箱量或减少自备箱量。如果决定一部分通过租用方式解决，应进一步考虑是采用长期租赁、即期租赁或者灵活租赁，根据不同情况采用不同的租赁方式。

下面介绍航线集装箱配备量的一般计算方法。假设：①船舶只在航线的两端点港挂靠；②两端点港不作箱源调剂，也不考虑箱子修理和积压延误；③两端点港箱源平衡；④集装箱在两端点港口及其内陆的周转时间均小于发船间隔时间。航线仅配置一艘船舶时，需要的集装箱为该船额定载箱量的 3 倍，即船上装一套、两端点港口各配置一套，如载箱量为 500 TEU 的船舶，需要配置集装箱为 500 TEU×3＝1 500 TEU。

二、两端点航线配箱量计算方法

集装箱班轮航线为直达航线，且集装箱船仅挂靠两端点港，而当该班轮公司在两端点港既无调剂箱又无周转机动箱时，航线集装箱需备量可以按照以下方法确定。

当航线上配置若干艘集装箱船舶时，设航线集装箱需配备套数为 K，船舶总载箱量为 L，则航线上必须配备的集装箱量 S 为

$$S=K\times L$$

式中：K 取决于航线集装箱平均总周转天数 T 和航班派船间隔 $I(K=T/I)$；而每套集装箱配备数量 L 与集装箱船舶的载箱量利用率 f 有关$(L=D\times f)$。

$$T=t_A+t_R+t_B$$

$$I=t_R/N$$

式中：t_A、t_B为两端点港口集装箱周转时间；t_R为集装箱船往返航次时间；N 为航线配置的船舶艘数。这时，航线应配备集装箱量为

$$S=K\times L=T/I\times D\times f$$

三、箱位比的概念和意义

箱位比是指班轮公司所拥有的集装箱总数与其集装箱船舶箱位总数的比值。箱位比的高低反映船公司集装箱管理水平，以及能否用较少的集装箱数量来满足船舶及其航线运输的需要，并减少集装箱投资和管理成本。

技能训练

阅读下面的案例材料，分析解决该案例的集装箱配箱量。

某班轮公司在某航线上配置 3 艘载箱量为 2 500 TEU 的集装箱船舶，船舶的航次往返时间为 30 天。集装箱在内陆周转时间：A 港，平均港口堆存期和内陆周转时间之和为 7 天；B 港，集装箱内陆周转情况随集装箱返抵港口的天数与返抵量的变化而变化，其中 60%箱量在 10 天之内返抵港口待装，30%箱量在 10～20 天内返抵港口待装船，其余 10%箱量在 20～30 天内返抵港口待装船。如船舶载箱量利用率为 80%，求船公司在航线上需配备的集装箱量。

解：$t_A=7$ 天＜10 天，故取 10 天；$t_R=30$ 天；$t_B=10$ 天×60%＋20 天×30%＋30 天×10%＝15 天；$T=t_A+t_B+t_C=55$ 天；$I=t_R/N=10$ 天；$K=T/I=5.5$。$L=D\times f=$ 2 500 TEU×80%＝2 000 TEU。$S=K\times L=11\ 000$ TEU。

复习提高

一、选择题

1. 确定航线集装箱需备量的主要依据包括(　　)。

A. 航线配置的集装箱船的艘数　　B. 集装箱船舶往返航次的时间

C. 集装箱中装载货物的类型　　D. 集装箱在内陆平均周转天数

二、简答题

1. 航线集装箱配备的方式有哪三种?
2. 两端点港的集装箱配备量应如何确定?
3. 箱位比的概念和作用各是什么?

三、计算题

1. 某航线船舶往返时间为 30 天,航线上配置 3 艘载箱量为 1 500 TEU 的船舶,发船间隔时间 10 天,集装箱在 A 港的周转情况是:50%的箱量可在发船间隔期内返抵港口提供装船;30%箱量在 2 倍发船间隔期内返抵港口;20%箱量在 3 倍发船间隔期内返抵港口。集装箱在另一端点港 B 港的周转情况是:30%箱量可在发船间隔期内返抵港口提供装船;20%箱量在 2 倍发船间隔期内返抵港口;15%箱量在 30 天内返抵港口提供装船;余下 35%箱量在 40 天内返抵港口提供装船。如果船舶载箱量利用率的 90%为每套数基本箱量,求船公司在该航线上需配备的集装箱数量。

参考文献

[1] 闵德权.国际集装箱运输商务管理[M].北京:首都经济贸易大学出版社,2019.
[2] 杨淑丽.铁路集装箱运输与多式联运[M].北京:人民交通出版社,2019.
[3] 刘徐方,梁旭,田振中,等.集装箱运输管理实务[M].北京:清华大学出版社,2018.
[4] 刘雪梅.集装箱运输与多式联运实务[M].北京:机械工业出版社,2018.
[5] 郭敏,陈俊杰.集装箱运输管理[M].成都:西南交通大学出版社,2016.
[6] 孙玥,葛楚华,梁冬梅.集装箱运输实务[M].北京:中国铁道出版社,2016.
[7] 姚红光.集装箱与国际多式联运[M].北京:旅游教育出版社,2017.
[8] 刘浪琴,代承霞.运输管理实务[M].重庆:重庆大学出版社,2017.
[9] 方晨.海上国际集装箱运输管理学[M].北京:海洋出版社,2017.
[10] 铁路集装箱运输管理编委会.铁路集装箱运输管理[M].北京:中国铁道出版社,2016.
[11] 江明光.集装箱运输实务[M].2版.北京:北京理工大学出版社,2019.
[12] 真虹,顾佳俊.集装箱运输学[M].大连:大连海事大学出版社,1997.
[13] 王学锋.集装箱管理与装箱工艺[M].上海:同济大学出版社,2006.
[14] 蒋正雄,刘鼎铭.集装箱运输学[M].北京:人民交通出版社,1997.
[15] 杨茅甄.集装箱运输实务[M].北京:高等教育出版社,2007.
[16] 纪寿文,卫振林,陈佳娟.集装单元化运输与装备[M].北京:中国物资出版社,2010.
[17] 杨鹏强.国际货运代理实务[M].北京:中国海关出版社,2010.
[18] 林敬松,黄细洋.集装箱运输管理理论与实务[M].2版.北京:北京交通大学出版社,2019.
[19] 郭丽颖.集装箱运输学[M].武汉:武汉理工大学出版社,2008.
[20] 中国国际货运代理协会.国际航空货运代理理论与实务[M].北京:中国商务出版社,2005.
[21] 顾丽亚.航空货运业务[M].上海:华东师范大学出版社,2008.
[22] 谢东建.集装箱运输管理[M].北京:中国物资出版社,2007.
[23] 汪益兵.集装箱运输实务[M].北京:机械工业出版社,2007.
[24] 武德春,武骁.集装箱运输实务[M].4版.北京:机械工业出版社,2019.
[25] 朱晓宁.集装箱运输与多式联运[M].北京:中国铁道出版社,2005.
[26] 杨志刚,吴永福.国际集装箱运输实务[M].北京:人民交通出版社,1998.
[27] 王艳艳.集装箱运输管理[M].北京:北京理工大学出版社,2007.
[28] 刘锡蔚.集装箱船舶积载[M].北京:人民交通出版社,1997.
[29] 郭丽颖.集装箱运输学[M].武汉:武汉理工大学出版社,2008.

[30] 林祖艺.国际集装箱运输[M].北京:人民交通出版社,1997.
[31] 杨志刚,王立坤,周鑫.国际集装箱多式联运实务、法规与案例[M].北京:人民交通出版社,2006.
[32] 李上康,刘银芬,杨燕.远洋运输业务[M]. 哈尔滨:哈尔滨工程大学出版社,2015.
[33] 胡文君, 周溪召, 金新道.集装箱舱位分配的随机动态优化方法[J]. 中国水运,2010(4):41.
[34] 金新道.一种简单实用的拼箱货装箱优化方法 [J].集装箱化,2008(7):28-29.